Python
并行编程实战

（第二版）

[意]詹卡洛·扎克内（Giancarlo Zaccone） 著

苏钰涵 译

中国电力出版社
CHINA ELECTRIC POWER PRESS

内 容 提 要

本书介绍了并行编程体系结构，主要内容包括基于线程和进程并行性的基本技巧；利用 threading 和 multiprocessing 等构建并行应用的基本工具了解互斥锁、信号量、锁以及队列；通过学习 MPI 编程技巧，使用 mpi4py 的基本消息传递技术实现进程同步；掌握异步编程并使用 PyCUDA 和 PyOpenCL 框架发挥 GPU 的强大功能；了解如何用 Celery 设计分布式计算系统以及如何用 PythonAnywhere、Docker 和无服务器应用在云上部署 Python 应用。

本书可以帮助读者快速准确地掌握并行编程技能并在项目中具体应用，读完这本书，你将能够自信地用 Python 构建并发高性能应用。

图书在版编目（CIP）数据

Python 并行编程实战：第二版/（意）詹卡洛·扎克内（Giancarlo Zaccone）著；苏钰涵译. —北京：中国电力出版社，2021.1（2024.5重印）
书名原文：Python Parallel Programming Cookbook，Second Edition
ISBN 978-7-5198-5020-3

Ⅰ.①P… Ⅱ.①詹… ②苏… Ⅲ.①软件工具—程序设计 Ⅳ.①TP311.561

中国版本图书馆 CIP 数据核字（2020）第 187843 号

北京市版权局著作权合同登记 图字：01-2020-2470 号

出版发行：中国电力出版社
地　　址：北京市东城区北京站西街 19 号（邮政编码 100005）
网　　址：http://www.cepp.sgcc.com.cn
责任编辑：刘　炽　何佳煜（010-63412758）
责任校对：黄　蓓　常燕昆
装帧设计：赵姗姗
责任印制：杨晓东

印　　刷：北京雁林吉兆印刷有限公司
版　　次：2021 年 1 月第二版
印　　次：2024 年 5 月北京第三次印刷
开　　本：787 毫米×1092 毫米　16 开本
印　　张：18.75
字　　数：391 千字
定　　价：79.00 元

致我的家人。

前　　言

计算行业的特点就是寻求不断增长的高性能，从网络、电信、航天电子等领域的高端应用，到台式计算机、笔记本电脑中的低功耗嵌入式系统和视频游戏，都是如此。这样的发展方式带来了多核系统，而在多核系统中，2 核、4 核和 8 核处理器还只是一个开端，接下来会继续发展，计算内核数还将不断增长。

不过，这种发展也带来了挑战，不只是在半导体行业中，并行应用的开发（也就是可以利用并行计算完成的应用）也遇到了挑战。

实际上，**并行计算（Parallel computing）** 是指同时使用多个计算资源来解决一个处理问题，从而能够在多个 CPU 上执行，这就将一个问题分解为可以同时处理的多个部分，每一个部分又进一步划分为一系列指令，这些指令可以在不同的 CPU 上串行执行。

计算资源可能包括一个多处理器计算机、通过网络连接的任意多台计算机，或者这两种方式的组合。以往总是认为并行计算是计算的极致或未来，直到几年前，很多不同领域复杂系统和场景的数字仿真大大促进了并行计算的发展，这包括天气和气候预报、化学和核反应、人类基因组图谱、地震和地质活动、机械设备（从机械手到航天飞机）的行为、电子电路以及制造过程。

如今更多商业应用越来越多地要求开发速度更快的计算机来以复杂的方式处理大量数据。这些应用包括数据挖掘和并行数据库、石油勘探、网络搜索引擎、服务网络化业务、计算机辅助医疗诊断、跨国公司管理、高级图形和虚拟现实（特别是视频游戏行业）、多媒体和视频网络技术以及协同工作环境。

最后，并行计算代表了时间资源最大化的一种尝试，尽管时间是无限的，但时间资源却越来越珍贵和稀有。正是因为这个原因，并行计算不再仅限于非常昂贵的超级计算机（只有少数人有条件使用这些超级计算机），而转向更经济的解决方案，这些方案基于多处理器、**图形处理单元（Graphics Processing Unit，GPU）** 或一些互连的计算机，可以克服串行计算的局限性和单 CPU 的限制。

为了介绍并行计算的概念，我们采用了最流行的编程语言之一，**Python**。Python 之所以流行，部分原因在于它的灵活性，这是 Web 和桌面开发人员、系统管理员和代码开发人员以及近来数据科学家和机器学习工程师都经常使用的一个语言。

从技术角度讲，Python 没有从源代码生成可执行文件的单独的编译阶段（例如，C 就需要单独的编译）。事实上，Python 是伪解释语言，这使它成为一个可移植的语言。一旦编写了源代码，就可以在当前使用的大多数平台上解释和执行，而不论是 Apple（macOS X）还是 PC（Microsoft Windows 和 GNU/Linux）。

Python 另一个强大之处在于它易于学习。任何人只需要几天就能使用 Python 编写他们的第一个应用。在这方面，这个语言的开放结构起到了根本性作用，没有冗余的声明，与我们平常讲的人类语言极为类似。最后一点，Python 是自由软件：不仅 Python 解释器免费，在应用中使用 Python 也是免费的，还可以自由修改 Python，并根据完全开源许可的规则重新发布。

本书包含丰富的示例，使读者可以解决实际问题。书中分析了面向并行体系结构的软件设计原则，强调程序简洁性的重要性，并避免使用复杂的术语，而是通过简明、直接的示例来说明。

每个主题都作为一个完整可用的 Python 程序的一部分来介绍，并在后面给出当前程序的输出。各个章节采用模块化方式组织，这为我们提供了一条成熟的道路，可以指引我们从最简单的内容逐步向最高级的主题前进，不过，如果你只想了解某些特定的问题，这本书也同样适用。

本书面向对象

本书面向想要使用并行编程技术编写强大高效的代码的软件开发人员。通过阅读这本书，你不仅能掌握并行计算的基础部分，还将掌握并行计算的高级方面。

Python 编程语言很易于使用，即使是非专业的初学者，也能很容易地处理和理解这本书中介绍的内容。

本书内容

第 1 章，*并行计算和 Python 入门*，提供了并行编程体系结构和编程模型的一个概述。这一章会介绍 Python 编程语言，讨论这个语言的诸多特性，包括易学易用性和可扩展性，并提供了丰富的软件库和应用，所有这些使得 Python 成为一个开发应用的重要工具，对并行计算尤其是。

第 2 章，*基于线程的并行*，讨论使用 threading Python 模块的线程并行性。通过大量编程示例，读者将学习如何同步和管理线程来实现多线程应用。

第 3 章，*基于进程的并行*，指导读者通过基于进程的方法并行化一个程序。通过一组完备的示例，将为读者展示如何使用 multiprocessing Python 模块。

第 4 章，*消息传递*，这一章重点介绍消息传递通信系统。具体将介绍 mpi4py 库，并提供大量应用示例。

第 5 章，*异步编程*，这一章会解释并发编程的异步模型。在某些方面，这比多线程编程简单,因为只有一个指令流,而且任务显式地放弃控制而不是被任意挂起。这一章会告诉读者如何使用 asyncyio 模块将各个任务组织为一个较小步骤的序列,这些步骤以一种异步方式执行。

第 6 章,*分布式 Python*,这一章会为读者介绍分布式计算,这个计算过程会聚集多个计算单元,以一种透明而一致的方式协作地运行一个计算任务。具体地,这一章中提供的示例应用会描述如何使用 socket 和 Celery 模块来管理分布式任务。

第 7 章,*云计算*,这一章概要介绍了与 Python 编程语言相关的主要云计算技术。**Python Anywhere** 平台对于在云上部署 Python 应用非常有用,这一章将介绍这个平台。另外这一章还包含一些示例应用来展示**容器**和**无服务器**技术的使用。

第 8 章,*异构计算*,这一章将介绍现代 GPU,GPU 能为数值计算提供惊人的性能,但代价是会增加编程复杂性。事实上,面向 GPU 的编程模型要求开发人员手动地管理 CPU 和 GPU 之间的数据传递。这一章通过使用编程示例和用例,将告诉读者如何使用一些强大的 Python 模块(**PyCUDA**、**Numba** 和 **PyOpenCL**)充分利用 GPU 卡提供的计算能力。

第 9 章,*Python 调试和测试*,这是最后一章,将介绍软件工程中的两个重要主题:调试和测试。这一章会具体介绍以下 Python 框架:用于调试的 winpdb - reborn 及用于软件测试的 unittest 和 nose。

充分利用这本书

这本书是自包含的(*self - contained*),即相关术语概念在本书中都有介绍。开始阅读之前,唯一的基本要求是要对编程有热情,另外对这本书介绍的内容有好奇心。

下载示例代码文件

可以从你的 www. packt. com 账户下载这本书的示例代码文件。如果你在其他地方购买了这本书,可以访问 www. packtpub. com/support 并注册,我们将直接通过 email 为你提供这些文件。

可以按照以下步骤下载代码文件:

(1)登录或注册 www. packtpub. com。

(2)选择 **Support** 标签页。

(3)点击 **Code Downloads**。

(4)在 **Search** 框中输入书名,并按照屏幕上的指令下载。

一旦下载了文件,确保使用以下最新版本的解压缩工具解开文件夹:

WinRAR/7 - Zip(Windows)

Zipeg/iZip/UnRarX(Mac)

7 - Zip/PeaZip（Linux）

本书的代码包还在 GitHub 上托管（https：//github. com/PacktPublishing/Python - Parallel - Programming - Cookbook - Second - Edition）。另外，https：//github. com/PacktPublishing/上提供了大量图书和视频的其他代码包。看看有什么！

下载彩色图片

我们还提供了一个 PDF 文件，其中包含这本书中使用的截屏图/图表的彩色图片。可以从这里下载：https：//static. packt - cdn. com/downloads/9781789533736 _ ColorImages. pdf。

排版约定

这本书使用了以下排版约定。

正文中的代码（CodeInText）：指示正文中的代码、数据库表名、文件夹名、文件名、文件扩展名、路径名、虚拟 URL、用户输入和推特账号。下面是一个例子："使用 terminate 方法可以立即杀死一个进程"。

代码块格式如下：

```
import socket
port = 60000
s = socket. socket()
host = socket. gethostname()
```

如果我们想让你注意一个代码中的某个特定部分，相应的行或项会用粗体显示：

```
p = multiprocessing. Process(target = foo)
print ('Process before execution：', p, p. is_alive())
p. start()
```

命令行输入或输出都写为以下形式：

```
> python server. py
```

粗体（Bold）：指示一个新术语、重要单词或者屏幕上看到的单词。例如，菜单或对话框中的单词在正文中就会以这种形式显示。下面给出一个例子："选择 **System Properties** | **Environment Variables** | **User or System variables** | **New**"。

表示警告或重要说明。

表示提示和技巧。

小节

这本书中，你会看到一些标题经常出现（*准备工作、实现过程、工作原理、相关内容和参考资料*）。

为了清楚地说明如何实现一个技巧，我们会使用如下小节：

准备工作

这一节告诉你这个技巧要做什么，并描述如何建立所需的所有软件或任何必要的设置。

实现过程

这一节包含完成这个技巧所需的步骤。

工作原理

这一节通常包含上一节中所做工作的详细解释。

相关内容

这一节包含有关这个技巧的更多信息，加深你对这个技巧的理解。

参考资料

这一节会提供一些有帮助的链接，可以查看这个技巧的其他有用信息。

联系我们

非常欢迎读者的反馈。

一般反馈：电子邮件请发送至 feedback@packtpub. com，并在消息主题中提到本书书名。如果你对这本书的任何方面有问题，请将电子邮件发送到 questions@packtpub. com。

勘误：尽管我们竭尽所能地确保内容的准确性，但还是会有错误发生。如果你发现本书中的错误，请告诉我们，我们将非常感谢。请访问 www. packtpub. com/support/errata，选择这本书，点击 Errata Submission Form（勘误提交表）链接，并填入详细信息。

非法复制：如果你看到我们的作品在互联网上有任何形式的非法拷贝，希望能向我们提供地址或网站名，我们将不胜感谢。请联系 copyright@packtpub. com 并提供相应链接。

如果你有兴趣成为一名作者：如果你在某个领域很有经验，而且有兴趣写书或者希望做些贡献，请访问 authors. packtpub. com。

评论

请留言评论。阅读并使用了这本书之后，你可以在购买这本书的网站上留言评论。这样潜在读者就能看到你公正的观点，并以此决定是否购买这本书。作为出版商，我们（Packt）能从中了解你对我们的书有什么想法，另外作者也能看到对他们作品的反馈。非常感谢！

关于 Packt 的更多信息，请访问 packtpub.com。

目　　　录

11

第1章　并行计算和 Python 入门

　　并行（*parallel*）和分布式计算（*distributed computing*）模型的基础是同时使用不同的处理单元来执行程序。尽管并行和分布式计算之间仅有微小的差异，但有一种定义可以把并行计算模型与共享内存计算模型相关联、把分布式计算模型与消息传递模型相关联。

　　从现在开始，我们会用并行计算（*parallel computing*）表示并行以及分布式计算模型。

　　后面各小节会提供并行编程体系结构和编程模型的一个概述。这些概念对于第一次接触并行编程技术还没有什么经验的程序员会很有用。另外，对于有经验的程序员而言，这也可以作为一个基本参考。我们还会介绍并行系统的两大特征。第一个特征基于系统体系结构，第二个特征则基于并行编程模式。

　　这一章最后会简要介绍 Python 编程语言。这个语言有很多特点，如易学易用性、可扩展性以及丰富的软件库和应用，这些特点使得 Python 成为开发任何应用的一个重要工具，也包括并行计算。另外会介绍线程和进程的概念及其在 Python 语言中的使用。

　　这一章中，我们将介绍以下内容：

- 为什么需要并行计算？
- 费林分类法。
- 内存组织。
- 并行编程模型。
- 性能评价。
- Python 介绍。
- Python 和并行编程。
- 进程和线程介绍。

1.1　为什么需要并行计算？

　　现代计算机的计算能力在增长，这使我们要在相当短的时间内面对复杂性不断增加的计算问题。直到 2000 年初，解决这种复杂性的主要方法还是增加晶体管数量和单处理器系统的时钟频率（峰值达到 3.5～4GHz）。不过，晶体管数量的增加导致处理器本身的功耗呈指数增长。因此，本质上存在一个物理限制，这会阻止单处理器系统性能的进一步提高。

　　由于这个原因，近些年来，微处理器制造商开始把注意力聚焦在多核（*multi-core*）系统上。这些系统基于一个包含多个物理处理器的内核，这些处理器共享同样的内存（存储器），因此可以避免之前提到的功耗问题。最近几年，4 核（*quad - core*）和 8 核（*octa - core*）系统已经成为一般桌面计算机和笔记本电脑的标准配置。

另一方面，硬件的这种显著变化也带来了软件结构的变革，原来的软件总是设计为在单个处理器上顺序地执行。为了充分利用增加处理器数量所提供的更多计算资源，必须以一种适合 CPU 并行结构的形式重新设计现有软件，从而通过多个单元的同时执行来得到更高的效率，这些单元要同时执行同一个程序的多个不同部分。

1.2 费林分类法

费林分类法（Flynn's taxonomy）（见图 1 - 1）是对计算机体系结构分类的一种方法。它基于两个主要概念：

- **指令流（instruction flow）**：有 n 个 CPU 的系统包含 n 个程序计数器，因此，就有 n 个指令流。指令流对应一个程序计数器。
- **数据流（data flow）**：在一个数据列表上计算一个函数的程序有一个数据流。在多个不同数据列表上计算相同函数的程序有多个数据流。数据流由一组操作数组成。

由于指令流和数据流是独立的，所以计算机体系结构有 4 种类型：**单指令流单数据流**（**Single Instruction Single Data，SISD**），**单指令流多数据流**（**Single Instruction Multiple Data，SIMD**），**多指令流单数据流**（**Multiple Instruction Single Data，MISD**）和**多指令流多数据流**（**Multiple Instruction Multiple Data，MIMD**）。

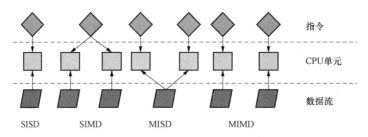

图 1 - 1 费林分类法

1.2.1 单指令流单数据流（SISD）

SISD 计算系统类似于冯·诺依曼计算机，这是一个单处理器计算机。在费林分类法示意图中可以看到，SISD 执行单个指令，处理单个数据流。在 SISD 中，机器指令将顺序处理。

在一个时钟周期中，CPU 执行以下操作：

- **获取（fetch）**：CPU 从一个内存区获取数据和指令，这个内存区称为寄存器（*register*）。
- **解码（decode）**：CPU 解码指令。
- **执行（execute）**：在数据上执行指令。这个操作的结果存储在另一个寄存器中。

一旦完成执行阶段，CPU 自行设置开始另一个 CPU 周期，如图 1-2 所示。

这种类型的计算机上运行的算法是顺序的（或串行的），因为它们没有任何并行性。SISD 计算机的一个例子是单 CPU 硬件系统。

这些体系结构（也称为冯·诺依曼体系结构）的主要单元包括：

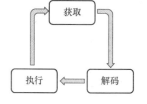

图 1-2　获取、解码和执行周期

- **中央存储单元/内存单元（central memory unit）**：用来存储指令和程序数据。
- **CPU**：用来从内存单元得到指令和/或数据，解码指令，并顺序地实现指令。
- **I/O 系统**：这是指程序的输入和输出数据。

传统的单处理器计算机都归类为 SISD 系统（见图 1-3）。

图 1-4 具体显示了获取、解码和执行阶段分别使用了 CPU 的哪些部分。

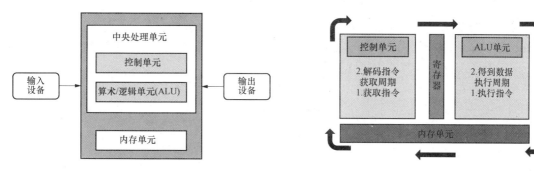

图 1-3　SISD 体系结构模式　　　　　图 1-4　获取—解码—执行阶段中使用的 CPU 部件

1.2.2　多指令流单数据流（MISD）

在这个模型中，n 个处理器（分别有自己的控制单元）共享一个内存单元。在每个时钟周期里，从内存接收的数据由所有处理器同时处理，每个处理器分别根据从其控制单元接收的指令进行处理。

在这种情况下，并行性（指令级并行性）是通过在相同数据上完成多个操作得到的。能采用这种体系结构高效解决的问题相当特殊，如数据加密。由于这个原因，MISD 计算机在商业领域没有市场。MISD 计算机更应算是一个智力练习而不是一个实用的配置。

1.2.3   单指令流多数据流（SIMD）

SIMD 计算机包括 n 个相同的处理器，每个处理器分别有自己的内存，可以在其中存储数据。所有处理器都在一个指令流的控制下工作。另外，还有 n 个数据流，每个数据流分别对应一个处理器。这些处理器每一步都会同时工作，执行相同的指令，但是会处理不同的数据元素。这是数据级并行性的一个例子。

SIMD 体系结构比 MISD 体系结构要通用得多。大量应用中的很多问题都可以利用 SIMD 计算机上的并行算法解决。另一个有意思的特点是，这些计算机的算法设计、分析和实现都相当容易。SIMD 的局限性是，只有那些能划分为多个子问题的问题才能利用 SIMD 计算机处理（这些子问题都相同，然后再通过同样的指令集同时解决各个子问题）。

对于采用这个模式开发的超级计算机，必须提到 *Connection Machine*（Thinking Machine，1985）和 *MPP*（NASA，1983）。

在第 6 章　分布式 *Python* 和第 7 章　云计算中会看到，现代显卡 GPU（内置多个嵌入式 SIMD 单元）的出现使得这种计算模式得到了更广泛的使用。

1.2.4   多指令流多数据流（MIMD）

根据费林分类法，这种类型的并行计算机是最通用也最强大的一类。它包含 n 个处理器、n 个指令流和 n 个数据流。每个处理器有自己的控制单元和局部内存，这使得 MIMD 体系结构比 SIMD 体系结构的计算能力更强。

每个处理器在其控制单元发出的一个指令流控制下操作。因此，处理器可以用不同的数据运行不同的程序，这就允许它们解决不同的子问题（这些子问题可以是一个更大问题的一部分）。MIMD 体系结构借助线程和/或进程级并行性实现。这也意味着处理器通常异步操作。

如今，这种体系结构已经应用在很多 PC 机、超级计算机和计算机网络上。不过，还需要考虑到一个不利的方面：异步算法很难设计、分析和实现。

考虑到 SIMD 计算机［见图 1 - 5（a）］可以划分为以下两个子类，还可以扩展费林分类法：

- 数值超级计算机。
- 向量机。

另一方面，MIMD 可以划分为有共享内存的机器和有分布式内存的机器，如图 1 - 5（b）所示。

实际上下一节就会重点介绍最后这个方面，即 MIMD 计算机的内存组织。

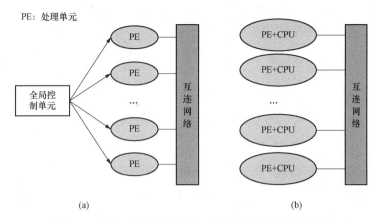

图 1-5　SIMD 体系结构（a）和 MIMD 体系结构（b）

1.3　内存组织

要评价并行体系结构，需要考虑的另一个方面是内存组织，或者访问数据的方式。不论处理单元速度有多快，如果内存不能足够快地维护和提供指令和数据，那么性能不会有任何提升。

要让内存的响应时间与处理器的速度一致，我们要克服的主要问题是内存周期时间（或存储周期），这定义为两个连续操作之间经过的时间。处理器周期时间通常比内存周期时间短得多。

处理器与内存之间传递指令或数据时，整个内存周期中处理器的资源都会被占用。另外，在此期间，由于正在传递，任何其他设备（例如，I/O 控制器和处理器，甚至是发出请求的那个处理器）都不能使用这个内存。

对内存访问问题的解决方案将 MIMD 体系结构分为两大类，如图 1-6 所示。第一类系统称为共享内存（*shared memory*）系统，有大量虚拟内存，所有处理器可以同等地访问这个内存中的数据和指令。另一类系统是**分布式内存**（*distributed memory*）模型，其中每个处理器有局部内存，不允许其他处理器访问。

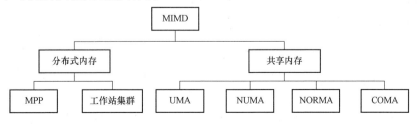

图 1-6　MIMD 体系结构中的内存组织

共享内存与分布式内存的区别在于对内存访问的管理，这由处理单元来完成。这个区别对于程序员非常重要，因为这决定了一个并行程序的不同部分要如何通信。

具体地，分布式内存计算机必须在每个局部内存中建立共享数据的副本。要从一个处理器向另一个处理器发送消息来创建这些副本，消息中包含所要共享的数据。这种内存组织的一个缺点是，有时这些消息很庞大，要花相当长的时间来传递，而在一个共享内存系统中，不存在消息交换，这一类系统的主要问题是要同步对共享资源的访问。

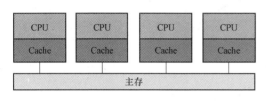

图 1-7　共享内存体系结构模式

1.3.1　共享内存

共享内存多处理器系统的模式如图 1-7 所示。这里的物理连接相当简单：

在这里，总线结构允许有任意数量的设备（图 1-7 中的 **CPU ＋ Cache**）共享相同的通道（图 1-7 中的**主存**）。总线协议最初设计为允许一个处理器和一个或多个磁盘或磁带控制器通过共享内存通信。

 每个处理器与高速缓存（cache）关联，因为这里假设处理器可能需要数据或指令在局部内存中而且这个概率很大。

一个处理器修改存储在内存系统中的数据时，如果其他处理器同时在使用这个数据，就会出现问题。已修改的新值会从处理器缓存传递到共享内存。不过，之后还必须传递到所有其他处理器，使那些处理器不会再处理过时的值。这个问题称为缓存一致性（*cache coherency*）问题，这是内存一致性问题的一种特殊情况。与线程编程类似，需要能够处理并发问题和同步的硬件来实现。

共享存储系统的主要特点如下：

- 对于所有处理器，内存都相同。例如，与相同数据结构关联的所有处理器都处理相同的逻辑内存地址，因此会访问相同的内存位置。
- 通过读取不同处理器的任务并支持共享内存来实现同步。实际上，处理器一次只能访问一个内存。
- 如果一个任务正在访问一个共享内存位置，在此期间其他任务不能改变这个内存。
- 任务之间共享数据的速度很快。通信所需的时间是一个任务读一个内存位置花费的时间（取决于内存访问的速度）。

共享内存系统中的内存访问如下：

- **一致性内存访问**（Uniform Memory Access，UMA）：这个系统的基本特点是：对于每个处理器和每个内存区的内存访问时间是一个常量。由于这个原因，这些系统也称为**对称多**

处理器（**Symmetric Multiprocessor**，**SMP**）。这些系统实现相对简单，但是可扩缩性不好。程序员要负责管理同步，需要在程序中插入适当的控制、信号量、锁等管理资源的同步机制。

• **非一致性内存访问（Non - Uniform Memory Access，NUMA）**：这些体系结构将内存划分为分配给各个处理器的高速访问区和一个用于数据交换的公共区（访问速度较慢）。这些系统也称为分布式共享内存（**Distributed Shared Memory**，**DSM**）系统。这种系统可扩缩性非常好，但开发很复杂。

• **非远程内存访问（No Remote Memory Access，NoRMA）**：物理上内存分布在处理器上（局部内存）。所有局部内存都是私有的，只能由这个局部处理器访问。处理器之间的通信通过一个用于交换消息的通信协议实现，这个协议称为消息传递协议（*message- passing protocol*）。

• **全高速缓存内存体系结构（Cache - Only Memory Architecture，COMA）**：这些系统只配备了高速缓存内存（cache）。分析 NUMA 体系结构时可以注意到，NUMA 体系结构将数据的局部副本保存在缓存中，同时这个数据还会重复地存储在主存中。COMA 体系结构则去除了重复，只保留高速缓存。物理上内存分布在处理器上（局部内存）。所有局部内存都是私有的，只能由这个局部处理器访问。处理器之间的通信也通过消息传递协议来实现。

1.3.2 分布式内存

在一个使用分布式内存的系统中，内存与各个处理器关联，一个处理器只能访问它自己的内存。有些作者把这种类型的系统称为多计算机（multicomputer），以此反映这样一个事实：这个系统的单元本身也是完整的小系统（包含一个处理器和内存），如图 1-8 所示。

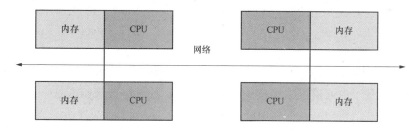

图 1-8 分布式内存体系结构模式

这种组织有几个优点：

• 不存在通信总线或交换机级冲突。每个处理器可以使用自己的局部内存的全部带宽，而没有其他处理器的干扰。

• 没有一个公共总线，这意味着处理器的个数没有基本限制。系统的规模只受用来连接处理器的网络的限制。

• 不存在缓存一致性问题。每个处理器负责自己的数据，不用担心更新任何副本。

主要缺点是处理器之间的通信更难实现。如果一个处理器需要另一个处理器内存中的数据，这两个处理器必须通过消息传递协议交换消息。这会从两个源头导致速度下降：建立消息并从一个处理器发送到另一个处理器要花费时间；停止处理器来管理从其他处理器接收到的消息。如果一个程序设计为在采用分布式内存结构的计算机上工作，必须组织为一组通过消息通信的独立任务（见图1-9）。

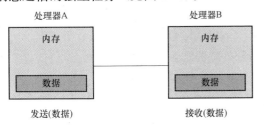

图1-9　基本消息传递

分布式内存系统的主要特点如下：

• 物理上内存分布在处理器上，每个局部内存只能由它的处理器直接访问。

• 通过在处理器之间移动数据（或者即使只是消息本身）即通信来实现同步。

• 局部内存中的数据划分会影响机器的性能，划分要准确，从而尽可能减少CPU之间的通信，这很重要。除此以外，协调这些分解和组合操作的处理器必须与处理数据结构各个部分的处理器有效地通信。

• 使用了消息传递协议，使得CPU之间相互可以通过交换数据包进行通信。消息是离散的信息单元，因为它们有明确的标识，所以总能相互区分。

1.3.3　大规模并行处理（MPP）

MPP机由数百个处理器组成（有些机器甚至大到有数十万个处理器），这些处理器由一个通信网络连接。世界上最快的计算机就基于这种体系结构。这种系统的一些例子包括Earth Simulator、Blue Gene、ASCI White、ASCI Red、ASCI Purple和Red Storm。

1.3.4　工作站集群

这些处理系统基于由通信网络连接的传统计算机。计算集群都归入这一类。

在一个集群体系结构中，我们将节点定义为集群中的一个计算单元。对于用户，集群是完全透明的，会屏蔽所有硬件和软件复杂性，访问数据和应用时就好像都在单个节点上一样。

下面我们区分了3种不同类型的集群：

• **容错集群**（fail-over cluster）：在这种集群中，会连续监控节点的活动，一个节点停止工作时，另一个机器会接管那些活动。其目标是基于体系结构的冗余性确保连续的服务。

• **负载平衡集群**（load balancing cluster）：在这个系统中，作业请求会发送到有较少活动的一个节点。这会确保处理作业所花费的时间更短。

• **高性能计算集群**（high-performance computing cluster）：在这个系统中，每个节点配置都是为了提供极高的性能。处理过程也划分为多个节点上的多个作业。这些作业是并行的，会分布到不同的机器上完成。

1.3.5   异构体系结构

在异构超级计算世界中，GPU 加速器的引入改变了当今超级计算机使用和编程的本质。尽管 GPU 能提供高性能，但不能认为它们是自治的处理单元，因为它们总是要伴随着一个 CPU 组合。因此，编程模式很简单：CPU 以一种串行方式控制和计算，将任务分配给图形加速器，这些图形加速器在计算上非常昂贵，并且有高度的并行性。

CPU 和 GPU 之间的通信不仅可以使用一个高速总线来完成，也可以通过对物理或虚拟内存共享一个内存区来实现。实际上，如果两个设备都没有配备自己的内存区，在这种情况下，可以使用各种编程模型提供的软件库来访问一个公共的内存区，如 *CUDA* 和 *OpenCL*。

这些体系结构称为异构体系结构（*heterogeneous architectures*）。在这种体系结构中，应用可以在一个地址空间创建数据结构，向适合解决这个任务的设备硬件发送一个作业。多个处理任务可以在相同的内存区安全地操作，来避免数据一致性问题，这要归功于原子操作。

所以，尽管 CPU 和 GPU 看起来不能高效地合作，但是通过使用这个新的体系结构（见图 1-10），我们可以优化它们与并行应用的交互，还可以优化并行应用的性能。

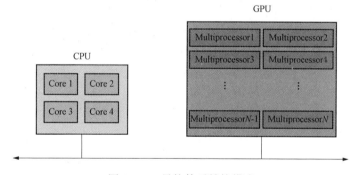

图 1-10   异构体系结构模式

下一节我们会介绍主要的并行编程模型。

1.4   并行编程模型

并行编程模型是硬件和内存体系结构的一个抽象。实际上，这些模型不是特定的，不涉及任何特定类型的机器或内存体系结构。它们可以在任何类型的机器上实现（至少理论上如此）。与前面的划分相比，这些编程模型建立在更高的层次上，表示软件要以何种方式完成并行计算。每个模型分别有自己的方法与其他处理器共享信息，来访问内存和划分工作。

从绝对的意义上讲，没有哪一个模型一定比另一个模型好。因此，应用的最佳解决方案很大程度上取决于程序员要解决的问题。使用最广泛的并行编程模型如下：

- 共享内存模型。
- 多线程模型。
- 分布式内存/消息传递模型。
- 数据并行模型。

在这一节中，我们会提供这些模型的一个概述。

1.4.1　共享内存模型

在这个模型中，任务会共享一个内存区，可以在这个内存区中异步地读写。程序员可以利用一些机制来控制对这个共享内存的访问，例如，锁或信号量。这个模型有一个好处，程序员不必指定任务之间的通信。在性能方面，一个主要缺点是理解和管理数据局部性变得更困难。这是指将数据保持在处理该数据的处理器本地，以减少内存访问、缓存刷新和多个处理器使用相同数据时出现的总线数据流。

1.4.2　多线程模型

在这个模型中，一个进程可以有多个执行流。例如，创建一个顺序部分，然后创建一系列可以并行执行的任务。通常会在共享内存体系结构上使用这种模型。所以，管理线程之间的同步非常重要，因为它们在共享内存上操作，而且程序员必须防止多个线程同时更新同样的位置。

当代 CPU 的软件和硬件都是多线程的。**POSIX**（**Portable Operating System Interface** 的简写）线程是软件上多线程实现的经典例子。Intel 的 Hyper - Threading 技术在硬件上实现了多线程，其做法是当一个线程在 I/O 上暂停或等待时，就在两个线程间切换。即使数据对齐是非线性的，也可以由这个模型得到并行性。

1.4.3　消息传递模型

如果每个处理器有自己的内存（分布式内存系统），这种情况下通常会应用消息传递模型。可以将更多任务放在同一个物理机器上，或者放在任意多个机器上。程序员负责确定并行性以及通过消息产生的数据交换，需要在代码中请求和调用一个函数库。

自 19 世纪 80 年代以来，出现了这种模型的一些例子，不过直到 19 世纪 90 年代中期才创建了一个标准化模型，这成为事实上的标准，称为**消息传递接口**（**Message Passing Interface，MPI**）。

显然 MPI 模型设计用于分布式内存，不过作为并行编程模型，MPI 模型也可以用于共享内存机器，如图 1 - 11 所示。

1.4.4　数据并行模型

　　在这个模型中，可以有更多任务处理同一个数据结构，不过每个任务处理不同的数据部分。在共享内存体系结构中，所有任务通过共享内存来访问数据，在分布式内存体系结构中，数据结构会划分并放在每个任务的局部内存中。

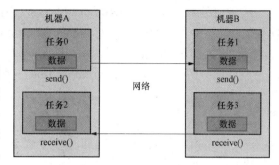

图 1 - 11　MPI 模型

　　要实现这个模型，程序员必须开发一个程序指定数据如何分布和对齐，例如，只有当数据（**任务 1，任务 2，任务 3**）对齐时，当代 GPU 的操作才最高效，如图 1 - 12 所示。

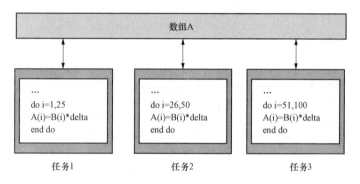

图 1 - 12　数据并行模式模型

设计并行程序

　　实现并行性的算法设计要基于一系列操作，必须完成这些操作，程序才能正确地完成任务，而不会生成部分（不完整）或错误的结果。要正确实现算法的并行化，必须完成以下宏操作：

- 任务分解。
- 任务分配。
- 组合。
- 映射。

任务分解

　　在第一个阶段，软件程序要划分为任务或一组指令，可以在不同的处理器上执行来实现并行性。要完成这个划分，可以使用两个方法：

- **领域分解（domain decomposition）**：采用这种方法时，会分解当前问题的数据。应用对所有处理器是通用的，这些处理器分别处理不同的数据部分。如果有大量必须处理的数据时，就可以使用这种方法。
- **功能分解（functional decomposition）**：在这种情况下，问题会划分为任务，每个任务在所有可用数据上完成某个特定的操作。

任务分配

这一步会指定分配机制，即如何将任务分布到各个处理器上。这个阶段非常重要，因为这会建立各个处理器上的工作负载分布。这里的负载平衡很关键。实际上，所有处理器都必须连续工作，避免长时间处于空闲状态。

为完成这一步，程序员要考虑到系统可能的异构性，尽量将更多任务分配到性能更好的处理器。最后，为了实现更高效的并行，必须尽可能地限制处理器之间的通信，因为这通常会导致速度减慢和资源消耗。

组合

组合过程是把较小的任务合并为更大的任务，从而提高性能。如果设计过程的前两个阶段将问题划分为大量任务，任务数远远超出了可用的处理器数量，而且如果计算机并非专门设计用来处理大量小任务，那么这个设计可能相当低效［不过，有些体系结构（如 GPU）可以很好地处理这种情况，而且实际上还会得益于运行数百万甚至数十亿个任务］。

通常，这是因为任务必须与处理器或线程通信，从而能计算指定的任务。大多数通信都有开销，这与传递的数据量成正比，另外每个通信操作还会产生一个固定的开销（如延迟，这是建立一个 TCP 连接固有的开销）。如果任务太小，这个固定开销就很容易使设计相当低效。

映射

在并行算法设计过程的映射阶段，我们要指定每个任务在哪里执行。目标是尽可能减少总的执行时间。在这里，通常必须做出取舍，因为两个主要策略往往相互冲突：

- 频繁通信的任务要放在同一个处理器上以增加局部性。
- 可以并发执行的任务应当放在不同的处理器上来提高并发性。

这称为映射问题（*mapping problem*），而且已知这是一个 **NP 完全问题**（**NP - complete**）。因此，通常情况下，并不存在十全十美的解决方案。对于同等规模的任务以及很容易识别通信模式的任务，映射很简单（这里还可以完成组合，合并映射到相同处理器的任务）。不过，如果任务的通信模式很难预测，或者每个任务的工作量各不相同，就很难设计一个高效的映射和组合方案。

对于这些问题，可以使用负载平衡算法在运行时确定组合和映射策略。最困难的问题是，程序执行期间通信量或任务数有变化。对于这种问题，可以使用动态负载平衡算法，在执行期间定期运行。

动态映射

对各种问题有多种负载平衡算法：

- **全局算法（global algorithms）**：这些算法需要掌握完成计算的全局知识，这通常会增加大量开销。

- **局部算法（local algorithms）**：这些算法只依赖于当前任务的局部信息，相对于全局算法，这会减少开销，但是在查找最优组合和映射方面往往不如全局算法。

不过，减少开销就会减少执行时间，尽管映射本身稍逊一筹。除了执行开始和结束时以外，如果任务很少通信，通常会使用一个任务调度算法，将任务简单地映射到变为空闲的处理器。在一个任务调度算法中，会维护一个任务池。任务会放在这个池中，工作节点从池中取出任务。

这个模型中有 3 种常用方法：

- **管理器/工作节点（manager/worker）**：这是基本动态映射机制，采用这种机制时，所有工作节点连接到一个中心管理器。管理器反复地向工作节点发送任务，并收集结果。如果只有少量处理器，这可能是最好的策略。可以通过提前获取任务来改进这个基本策略，使通信和计算可以相互重叠。

- **层次管理器/工作节点（hierarchical manager/worker）**：这是管理器/工作节点策略的一个变形，有一种半分布式布局。工作节点划分为组，每个组有自己的管理器。这些组管理器与中心管理器通信（可能相互之间也会通信），而工作节点从组管理器请求任务。这样可以把负载分摊到多个管理器，因此，如果所有工作节点从同一个管理器请求任务，这种方法可以处理数量更多的处理器。

- **去中心化（decentralize）**：采用这种机制，没有任何中心。每个处理器维护其自己的任务池，并与其他处理器通信来请求任务。至于处理器如何选择其他处理器来请求任务，这并不固定，要根据具体问题来确定。

1.5　并行程序性能评价

随着并行编程的发展，也对性能指标提出了要求，我们要根据性能指标来确定使用是否方便。实际上，并行计算的重点就是在一个相当短的时间里解决大型问题。对于这个目标，相关因素有很多，例如，所用的硬件类型、这个问题的并行程度，以及所采用的并行编程模型。为此引入了基本概念分析，会对得到的并行算法与原来的串行算法进行比较。

可以通过分析和量化所用线程数和/或进程数来得到性能。为了进行分析，下面介绍一些性能指标：

- **加速比**（**speedup**）。
- **效率**（**efficiency**）。
- **扩缩性**（**scaling**）。

阿姆达尔定律（**Amdahl**'s law）引出了并行计算的局限性。要评价一个串行算法并行化的有效程度（*degree of efficiency*），可以利用**古斯塔夫森定律**（**Gustafson**'s law）。

1.5.1　加速比

作为一个指标，加速比（**speedup**）可以衡量并行解决问题所带来的好处。它定义为在单个处理单元上解决一个问题花费的时间（Ts）与在 p 个同等处理单元上解决相同问题所需时间（Tp）之比。

加速比表示如下：

$$S = \frac{Ts}{Tp}$$

我们有一个线性加速比，即如果 $S=p$，这表示执行速度随着处理器个数的增加而增加。当然，这是一个理想情况。当 Ts 是最优串行算法的执行时间时，加速比是绝对的，当 Ts 是单个处理器上并行算法的执行时间时，加速比是相对的。

下面对这些情况做个简单总结：

- $S=p$ 是线性或理想加速比。
- $S<p$ 是真实加速比。
- $S>p$ 是超线性加速比。

1.5.2　效率

在理想世界里，有 p 个处理单元的并行系统可以达到加速比等于 p。不过，很少能实现这一点。通常会因为空闲或通信而浪费一些时间。效率是衡量一个处理单元将多少执行时间用于完成有用工作的一个指标，表示为所花费时间的一部分。

我们用 E 表示效率，可以定义如下：

$$E = \frac{S}{p} = \frac{Ts}{pTp}$$

对于有线性加速比的算法，$E = 1$。在其他情况下，E 值都小于 1。这三种情况总结如下：

- $E=1$ 时，这是一个线性情况。
- $E<1$ 时，这是一个真实情况。

- $E \ll 1$ 时，这是一个并行化效率很低的问题。

1.5.3　扩缩性

扩缩性定义为在并行机上高效执行的能力，根据处理器个数来确定计算能力（执行速度）。通过增加问题规模，与此同时增加处理器数量，在性能方面并没有损失。

取决于不同因素的增量，可扩缩的系统可以保持相同的效率，甚至还可以提高效率。

1.5.4　阿姆达尔定律

阿姆达尔定律（Amdahl's law）是设计处理器和并行算法时广泛使用的一个定律。这个定律指出，可达到的最大加速比会受程序串行部分的限制：

$$S = \frac{1}{1 - P}$$

 $1 - P$ 表示一个程序的串行部分（非并行化部分）。

例如，如果一个程序中 90% 的代码可以并行化，但是 10% 必须保持串行，那么可达到的最大加速比为 9，即使有无限多个处理器也无法超过这个上限。

1.5.5　古斯塔夫森定律

古斯塔夫森定律（Gustafson's law）表示如下：

$$S(P) = P - \alpha(P - 1)$$

在这里，公式中各个符号的含义如下：

- P 是处理器数量。
- S 是加速比因子。
- α 是并行过程中的不可并行化的比例。

古斯塔夫森定律与阿姆达尔定律正相反，前面介绍过，阿姆达尔定律认为一个程序的总工作负载不会随处理器数量而改变。

与之相反，古斯塔夫森定律则建议程序员首先设置并行解决一个问题所允许的时间，然后根据这个时间来确定问题的规模。因此，并行系统速度越快，在相同的时间内能解决的问题规模越大。

古斯塔夫森定律的作用是将计算机研究的目标指定为以某种方式选择或重组问题，从而能够在相同的时间内解决更大的问题。另外，这个定律还重新定义了效率的概念，把它定义为尽管工作负载增加，至少需要减少程序的顺序部分。

1.6　Python 介绍

Python 是一个强大、动态的解释性编程语言，在大量应用中得到了广泛使用。它的一些特性如下：

- 清晰可读的语法。
- 丰富的标准库，通过额外的软件模块，还可以增加数据类型、函数和对象。
- 易于学习的快速开发和调试。开发 Python 代码可以比开发 C/C++代码快 10 倍。Python 代码还可以作为原型再转换为 C/C++代码。
- 基于异常的错误处理。
- 强自省功能。
- 丰富的文档和活跃的软件社区。

可以把 Python 看作是一个胶水语言。使用 Python 可以开发更好的应用，因为不同程序员可以合作完成一个项目。例如，构建一个科学应用时，C/C++程序员可以实现高效的数值算法，同时参与项目的科学家可以编写 Python 程序测试和使用这些算法。科学家不用学习底层编程语言，而 C/C++程序员不需要理解所涉及的科学原理。

可以在这里（https：//www. python. org/doc/essays/omg‑darpa‑mcc‑position）了解更多有关内容。

下面来看一些非常基本的代码例子，对 Python 的特点有所认识。

对大多数人来说，下面的小节可能是一个复习。我们将在第 2 章"基于线程的并行"和第 3 章"基于进程的并行"中具体使用这些技术。

1.6.1　帮助函数

Python 解释器提供了一个有效的帮助系统。如果你想知道如何使用一个对象，只需要键入 help（object）。

例如，下面来看如何对整数 0 使用 help 函数：

```
>>> help(0)
Help on int object：

class int(object)
 | int(x = 0) –> integer
 | int(x, base = 10) –> integer
```

```
| Convert a number or string to an integer, or return 0 if no
| arguments are given. If x is a number, return x. __int__(). For
| floating point numbers, this truncates towards zero.
|
| If x is not a number or if base is given, then x must be a string,
| bytes, or bytearray instance representing an integer literal in the
| given base. The literal can be preceded by '+' or '-' and be
| surrounded by whitespace. The base defaults to 10. Valid bases are 0
| and 2 - 36.
| Base 0 means to interpret the base from the string as an integer
| literal.
>>> int('0b100', base = 0)
```

int 对象的描述后面是这个对象可以应用的一组方法。前 5 个方法如下：

```
| Methods defined here:
|
| __abs__(self, /)
| abs(self)
|
| __add__(self, value, /)
| Return self + value.
|
| __and__(self, value, /)
| Return self&value.
|
| __bool__(self, /)
| self ! = 0
|
| __ceil__(...)
| Ceiling of an Integral returns itself.
```

dir（object）也很有用，它会列出一个对象可用的所有方法：

```
>>> dir(float)
['_abs_', '_add_', '_and_', '_bool_', '_ceil_', '_class_',
'_delattr_', '_dir_', '_divmod_', '_doc_', '_eq_', '_float_',
'_floor_', '_floordiv_', '_format_', '_ge_', '_getattribute_',
```

```
'_getnewargs_', '_gt_', '_hash_', '_index_', '_init_', '_int_',
'_invert_', '_le_', '_lshift_', '_lt_', '_mod_', '_mul_',
'_ne_', '_neg_', '_new_', '_or_', '_pos_', '_pow_', '_radd_',
'_rand_', '_rdivmod_', '_reduce_', '_reduce_ex_', '_repr_',
'_rfloordiv_', '_rlshift_', '_rmod_', '_rmul_', '_ror_',
'_round_', '_rpow_', '_rrshift_', '_rshift_', '_rsub_',
'_rtruediv_', '_rxor_', '_setattr_', '_sizeof_', '_str_',
'_sub_', '_subclasshook_', '_truediv_', '_trunc_', '_xor_',
'bit_length', 'conjugate', 'denominator', 'from_bytes', 'imag',
'numerator', 'real', 'to_bytes']
```

最后，可以用 .＿＿doc＿＿ 函数提供一个对象的相关文档，如下所示：

```
>>> abs._doc_
'Return the absolute value of the argument.'
```

1.6.2 语法

Python 不使用语句终止符，它通过缩进来指定代码块。指定一个缩进层次的语句必须以一个冒号结束（:）。这使得 Python 有以下特点：

- Python 代码更清晰，更可读。
- 程序结构总是与缩进层次一致。
- 所有代码中的缩进方式都统一。

糟糕的缩进会带来错误。

下面的例子显示了如何使用 if 构造：

```
print("first print")
if condition:
    print("second print")
print("third print")
```

在这个例子中，可以看到：

- 以下语句：print（"first print"）、if condition：和 print（"third print"）缩进层次相同，这些语句总是会执行。
- if 语句后面有一个缩进层次更深的代码块，包含 print（"second print"）语句。
- 如果 if 的条件为 true，就执行 print（"second print"）语句。
- 如果 if 的条件为 false，则不执行 print（"second print"）语句。

因此，一定要注意缩进，这非常重要，因为程序解析过程中总是要分析缩进。

1.6.3 注释

单行注释以符号♯开头：

```
# single line comment
```

多行注释要使用多行字符串：

```
""" first line of a multi - line comment
second line of a multi - line comment."""
```

1.6.4 赋值

可以用等号（＝）赋值。相等性测试要用两个等号（==）。可以使用＋＝和－＝操作符以及后面的一个数来增加和减少一个值。这适用于很多数据类型，包括字符串。可以在一行上为多个变量赋值，也可以在一行上使用多个变量。

下面给出一些例子：

```
>>> variable = 3
>>> variable + = 2
>>> variable
5
>>> variable - = 1
>>> variable
4
>>> _string_ = "Hello"
>>> _string_ + = " Parallel Programming CookBook Second Edition!"
>>> print (_string_)
Hello Parallel Programming CookBook Second Edition!
```

1.6.5 数据类型

Python 中最重要的结构是列表（*list*）、元组（*tuple*）和字典（*dictionary*）。从 Python 2.5 版本之后，Python 中又集成了集合（之前的版本通过 sets 库提供集合）：

- **列表（list）**：类似于一维数组，不过可以创建包含其他列表的列表。
- **字典（dictionary）**：这是包含键值对的数组（散列表）。
- **元组（tuple）**：这是不可变的单维对象。

数组可以是任何类型，所以可以在列表、字典和元组中混合不同类型的变量，如整数和字符串。

任何类型数组中第一个对象的索引都是 0。负索引是允许的，这从数组末尾数起，−1 表示数组中的最后一个元素：

```
# let's play with lists
list_1 = [1, ["item_1", "item_1"], ("a", "tuple")]
list_2 = ["item_1", -10000, 5.01]

>>> list_1
[1, ['item_1', 'item_1'], ('a', 'tuple')]

>>> list_2
['item_1', -10000, 5.01]

>>> list_1[2]
('a', 'tuple')

>>> list_1[1][0]
['item_1', 'item_1']

>>> list_2[0]
item_1

>>> list_2[-1]
5.01

# build a dictionary
dictionary = {"Key 1": "item A", "Key 2": "item B", 3: 1000}
>>> dictionary
{'Key 1': 'item A', 'Key 2': 'item B', 3: 1000}

>>> dictionary["Key 1"]
item A

>>> dictionary["Key 2"]
-1

>>> dictionary[3]
1000
```

可以使用冒号（:）得到一个数组区间：

```
list_3 = ["Hello", "Ruvika", "how" , "are" , "you?"]
>>> list_3[0:6]
['Hello', 'Ruvika', 'how', 'are', 'you? ']

>>> list_3[0:1]
['Hello']

>>> list_3[2:6]
['how', 'are', 'you? ']
```

1.6.6　字符串

Python 字符串使用单引号（'）或双引号（"）指示，用某个引号（如双引号）作为定界符的一个字符串中可以使用另一个引号（如单引号）：

```
>>> example = "she loves ' giancarlo"
>>> example
"she loves ' giancarlo"
```

如果是多行字符串，要用三重引号或 3 个单引号包围（"多行字符串"）：

```
>>> _string_ = "I am a
multi - line
string"
>>> _string_
'I am a \nmulti - line\nstring'
```

Python 还支持 Unicode；只需要使用 u "This is a unicode string" 语法：

```
>>> ustring = u"I am unicode string"
>>> ustring
'I am unicode string'
```

要在一个字符串中输入值，可以键入％操作符和一个元组。然后每个％操作符会从左到右分别替换为一个元组元素：

```
>>> print ("My name is % s !" % ('Mr. Wolf'))
My name is Mr. Wolf!
```

1.6.7　流控制

流控制指令是 if、for 和 while。

在下面的例子中，我们要检查这个数是正数、负数还是 0，并显示结果：

```
num = 1

if num > 0:
    print("Positive number")
elif num == 0:
    print("Zero")
else:
    print("Negative number")
```

下面的代码块会得出存储在一个列表中的所有数之和，这里使用了一个 for 循环：

```
numbers = [6, 6, 3, 8, -3, 2, 5, 44, 12]
sum = 0
for val in numbers:
    sum = sum + val
print("The sum is", sum)
```

可以执行 while 循环来迭代处理代码，直到条件不为 true。当我们不知道代码执行的迭代次数会使用这个循环而不是 for 循环。在这个例子中，我们使用 while 循环累加自然数（$sum = 1+2+3+\cdots+n$）：

```
n = 10
# initialize sum and counter
sum = 0
i = 1
while i <= n:
    sum = sum + i
    i = i + 1 # update counter
# print the sum
print("The sum is", sum)
```

前面 3 个例子的输出如下：

Positive number

The sum is 83

The sum is 55

\>>>

1.6.8　函数

Python 函数用 def 关键字声明：

```
def my_function():
    print("this is a function")
```

要运行一个函数，需要使用函数名，后面跟一对小括号，如下所示：

```
>>> my_function()
this is a function
```

参数必须在函数名之后指定，放在小括号里：

```
def my_function(x):
    print(x * 1234)
```

```
>>> my_function(7)
8638
```

多个参数之间必须用逗号分隔：

```
def my_function(x,y):
    print(x * 5 + 2 * y)
```

```
>>> my_function(7,9)
53
```

可以使用等号来定义一个默认参数。如果调用函数时没有提供参数，就会使用默认值：

```
def my_function(x,y = 10):
    print(x * 5 + 2 * y)
```

```
>>> my_function(1)
25
```

```
>>> my_function(1,100)
205
```

一个函数的参数可以是任何类型的数据（如字符串、数、列表和字典）。在这里，使用下面的列表 lcities 作为 my _ function 的一个参数：

```
def my_function(cities):
    for x in cities:
```

```
        print(x)
>>> lcities = ["Napoli","Mumbai","Amsterdam"]
>>> my_function(lcities)
Napoli
Mumbai
Amsterdam
```

可以使用 return 语句从函数返回一个值：

```
def my_function(x,y)：
    return x * y
```

```
>>> my_function(6,29)
174
```

Python 支持一个很有意思的语法，允许动态地定义单行小函数。源自 Lisp 编程语言，任何需要一个函数的地方都可以使用这些 lambda 函数。

下面显示了 lambda 函数的一个例子（functionvar）：

```
# lambda definition equivalent to def f(x)：return x + 1
```

```
functionvar = lambda x：x * 5
>>> print(functionvar(10))
50
```

1.6.9　类

Python 支持类的多重继承。按惯例（不是语言规则），声明私有变量和方法时前面要加两个下划线（_）。可以为一个类的实例指定任意的属性，如下所示：

```
class FirstClass：
    common_value = 10
    def __init__(self)：
        self.my_value = 100
    def my_func(self, arg1, arg2)：
        return self.my_value * arg1 * arg2
```

```
# Build a first instance
>>> first_instance = FirstClass()
>>> first_instance.my_func(1, 2)
```

200

```
# Build a second instance of FirstClass
>>> second_instance = FirstClass()
# check the common values for both the instances
>>> first_instance.common_value
```
10

```
>>> second_instance.common_value
```
10

```
# Change common_value for the first_instance
>>> first_instance.common_value = 1500
>>> first_instance.common_value
```
1500

```
# As you can note the common_value for second_instance is not changed
>>> second_instance.common_value
```
10

```
# SecondClass inherits from FirstClass.
# multiple inheritance is declared as follows:
# class SecondClass (FirstClass1, FirstClass2, FirstClassN)

class SecondClass (FirstClass):
    # The "self" argument is passed automatically
    # and refers to the class's instance
    def __init__ (self, arg1):
        self.my_value = 764
        print (arg1)

>>> first_instance = SecondClass ("hello PACKT!!!!")
```
hello PACKT!!!!

```
>>> first_instance.my_func (1, 2)
```
1528

1.6.10　异常

Python 中的异常用 try - except（exception_name）块管理：

```
def one_function():
    try:
        # Division by zero causes one exception
        10/0
    except ZeroDivisionError:
        print("Oops, error.")
    else:
        # There was no exception, we can continue.
        pass
    finally:
        # This code is executed when the block
        # try..except is already executed and all exceptions
        # have been managed, even if a new one occurs
        # exception directly in the block.
        print("We finished.")
```

>>> **one_function()**
Oops, error.
We finished

1.6.11　导入库

外部库用 import［library name］导入，或者可以使用 from［library name］import［function name］语法导入一个特定的函数。下面给出一个例子：

```
import random
randomint = random.randint(1, 101)
```

>>> **print(randomint)**
65

```
from random import randint
randomint = random.randint(1, 102)
```

>>> **print(randomint)**
46

1.6.12　管理文件

为了与文件系统交互，Python 提供了内置的 open 函数。可以调用这个函数打开一个文件，返回一个文件对象。利用这个对象，我们可以在文件上完成多种操作，如读写文件。与文件的交互完成时，最后一定要记得用 file. close 方法关闭这个文件：

```
>>> f = open ('test. txt', 'w') # open the file for writing
>>> f. write ('first line of file \ n') # write a line in file
>>> f. write ('second line of file \ n') # write another line in file
>>> f. close () # we close the file
>>> f = open ('test. txt') # reopen the file for reading
>>> content = f. read () # read all the contents of the file
>>> print (content)
first line of the file
second line of the file
>>> f. close () # close the file
```

1. 6. 13　列表推导

列表推导或列表解析（List comprehension）是创建和管理列表的一个强大工具。这包括一个表达式，后面是一个 for 子句，然后是 0 个或多个 if 子句。列表推导的语法如下：

```
[expression for item in list]
```

然后，完成以下列表推导：

```
# list comprehensions using strings
>>> list_comprehension_1 = [ x for x in 'python parallel programming cookbook! ']
>>> print( list_comprehension_1)

['p', 'y', 't', 'h', 'o', 'n', '', 'p', 'a', 'r', 'a', 'l', 'l', 'e', 'l',
'', 'p', 'r', 'o', 'g', 'r', 'a', 'm', 'm', 'i', 'n', 'g', '', 'c', 'o',
'o', 'k', 'b', 'o', 'o', 'k', '! ']

# list comprehensions using numbers
>>> l1 = [1,2,3,4,5,6,7,8,9,10]
>>> list_comprehension_2 = [ x * 10 for x in l1 ]
>>> print( list_comprehension_2)

[10, 20, 30, 40, 50, 60, 70, 80, 90, 100]
```

1.6.14 运行 Python 脚本

要执行一个 Python 脚本，只需要调用 Python 解释器，后面提供脚本名，在这里就是 my_pythonscript.py。或者，如果在一个不同的工作目录中，则要使用脚本的完整路径：

> `python my_pythonscript.py`

 从现在开始，每次调用一个 Python 脚本时，我们都会使用前面的写法，也就是 python，然后是 script_name.py，即假设启动 Python 解释器的目录就是要执行的脚本所在的目录。

1.6.15 使用 pip 安装 Python 包

可以使用 pip 工具搜索、下载和安装 Python Package Index 上找到的 Python 包，这是一个存储库，包含成千上万个用 Python 写的包。还允许我们管理已下载的包，可以更新和删除这些包。

1.6.15.1 安装 pip

3.4 和 2.7.9 以上的 Python 版本中已经包含 pip。要检查是否已经安装了这个工具，可以运行以下命令：

`C:\>pip`

如果 pip 已经安装，这个命令会显示所安装的版本。

1.6.15.2 更新 pip

另外建议检查你使用的 pip 版本总是最新的。可以使用以下命令更新 pip：

`C:\>pip install -U pip`

1.6.15.3 使用 pip

pip 支持一系列命令，允许我们搜索、下载、安装、更新和删除包（以及其他工作）。要安装 PACKAGE，只需要运行以下命令：

`C:\>pip install PACKAGE`

1.7　Python 并行编程介绍

Python 提供了很多库和框架来帮助实现高性能计算。不过，由于使用了**全局解释器锁**（**Global Interpreter Lock，GIL**），用 Python 编写并行程序可能有些麻烦。

实际上，使用最广泛的 Python 解释器 **CPython** 是用 C 编程语言开发的。CPython 解释器需要 GIL 完成线程安全操作。使用 GIL 意味着，只要你试图访问线程中包含的任何 Python 对象，都会遇到一个全局锁。一次只有一个线程能获得一个 Python 对象或 C API 的锁。

幸运的是，情况不算太严重，因为在 GIL 之外，我们可以自由地使用并行，这包括接下来几章中讨论的所有主题，具体包括多进程、分布式计算和 GPU 计算。

所以，Python 并不是真正的多线程。不过，什么是线程？什么是进程？在下面的小节中，我们将介绍这两个基本概念，并介绍 Python 编程语言中如何实现这两个概念。

进程和线程

线程（*thread*）相当于轻量级进程，因为它们可以提供与进程类似的优点，不过，不需要典型的进程通信技术。线程允许你将一个程序的主控制流划分为多个并发运行的控制流。与之不同，进程有自己的地址空间和自己的资源。其结果是，不同进程运行的各部分代码之间只能通过适当的管理机制进行通信，包括管道、代码 FIFO、邮箱、共享内存区和消息传递。另外，利用线程则可以创建程序的并发部分，各个部分可以访问相同的地址空间、变量和常量。

表 1-1 总结了线程和进程之间的主要区别。

表 1-1	线程与进程区别
线程	进程
共享内存	不共享内存
启动/修改在计算上不太昂贵	启动/修改在计算上很昂贵
需要较少资源（轻量级进程）	需要更多计算资源
需要同步机制来正确地处理数据	不需要内存同步

在这个简要介绍之后，最后来看进程和线程如何操作。

具体地，我们希望比较以下函数 do_something 的串行、多线程和多进程实现的执行时间，这个函数要完成一些基本计算，包括建立一个随机整数列表（do_something.py 文件）：

```
import random

def do_something(count, out_list):
```

```
    for i in range(count):
        out_list. append(random. random())
```

接下来是一个串行实现（serial _ test. py）。首先导入相关的模块：

```
    from do_something import *
    import time
```

注意这里导入了模块 time，这用来计算执行时间，在这里，就是要计算 do _ something 函数串行实现的执行时间。建立的列表大小（size）等于 10000000，do _ something 函数将执行 10 次：

```
    if _name_ == "_main_":
        start_time = time. time()
        size = 10000000
        n_exec = 10
        for i in range(0, exec):
            out_list = list()
            do_something(size, out_list)
        print ("List processing complete. ")
        end_time = time. time()
    print("serial time = ", end_time - start_time)
```

接下来是多线程实现（multithreading _ test. py）。

导入相关的库：

```
    from do_something import *
    import time
    import threading
```

注意这里导入了 threading 模块来使用 Python 的多线程功能。

这里会以多线程方式执行 do _ something 函数。我们不对以下代码中的指令做深入分析，因为这个内容将在第 2 章 "基于线程的并行" 中更详细地讨论。

不过，需要说明，在这种情况下，列表的长度显然与串行实现中相同，也是 size = 10000000，另外定义的线程数为 10（threads = 10），这也是 do _ something 函数要执行的次数：

```
if _name_ == "_main_":
    start_time = time. time()
    size = 10000000
    threads = 10
```

```
jobs = []
for i in range(0, threads):
```

还要注意这里通过 threading. Thread 方法来构造一个线程：

```
out_list = list()
thread = threading.Thread(target = list_append(size,out_list))
jobs.append(thread)
```

以下是我们执行的循环序列，先开始执行线程，然后立即停止线程：

```
for j in jobs:
    j.start()
for j in jobs:
    j.join()
print("List processing complete.")
end_time = time.time()
print("multithreading time = ", end_time - start_time)
```

最后还有一个多进程实现（multiprocessing _ test. py）。

首先导入必要的模块，具体的，要导入 multiprocessing 库，这个库的特性将在第 3 章 "*基于进程的并行*"中深入解释：

```
from do_something import *
import time
import multiprocessing
```

与前面类似，所建立列表的长度（size = 10000000）和 do _ something 函数的执行次数 （procs = 10）都与前面相同：

```
if __name__ == "__main__":
    start_time = time.time()
    size = 10000000
    procs = 10
    jobs = []
    for i in range(0, procs):
        out_list = list()
```

在这里，通过 multiprocessing. Process 方法调用创建一个进程，如下所示：

```
process = multiprocessing.Process\
        (target = do_something,args = (size,out_list))
```

```
    jobs. append(process)
```

接下来是我们执行的循环序列，首先开始执行进程，然后立即停止进程：

```
    for j in jobs：
        j. start()

    for j in jobs：
        j. join()

    print ("List processing complete. ")
    end_time = time. time()
    print("multiprocesses time = ", end_time - start_time)
```

然后，打开 command shell，运行前面介绍的 3 个函数。

进入这些函数所在的文件夹，然后键入以下命令：

> **python serial_test. py**

在配置为 CPU Intel i7/8 GB RAM 的机器上，得到的结果如下：

List processing complete.
serial time = 25. 428767204284668

对于多线程实现，执行以下命令：

> **python multithreading_test. py**

输出如下：

List processing complete.
multithreading time = 26. 168917179107666

最后是多进程实现：

> **python multiprocessing_test. py**

结果如下：

List processing complete.
multiprocesses time = 18. 929869890213013

可以看到，串行实现（使用 serial _ test. py）的结果与多线程实现（使用 multithreading _ test. py）得到的结果类似，在多线程实现中，线程实际上是一个接一个启动的，使得线程前后之间有相对优先级，直到最后一个线程，而使用 Python 多进程功能（使用 multiprocessing _ test. py）时，在执行时间方面有所改善。

第 2 章　基 于 线 程 的 并 行

目前，对于管理并发性，软件应用中使用最广泛的编程模式就是基于多线程。通常，应用包括一个进程，这个进程可以划分为多个独立的线程，分别表示并行运行的不同类型的活动，这些线程会相互竞争。

如今，使用多线程的现代应用已经得到了大规模使用。实际上，所有现代处理器都是多核的，所以它们可以完成并行操作，充分利用计算机的计算资源。

因此，多线程编程（*multithreaded programming*）绝对是实现并发应用的一种好方法。不过，多线程编程往往隐藏着一些不那么简单的困难，必须适当地管理这些问题来避免死锁或同步问题等错误。

这一章首先将定义基于线程和多线程编程的概念，然后介绍 threading 库。我们会了解完成线程定义、管理和通信的主要方法。

通过 threading 库，我们会看到如何利用不同的技术解决问题，如锁（*lock*）、重入锁（*RLock*）、信号量（*semaphores*）、条件（*condition*）、事件（*event*）、屏障（*barrier*）和队列（*queue*）。

这一章中，会介绍以下技巧：

- 什么是线程？
- 如何定义线程？
- 如何确定当前线程？
- 如何使用线程子类？
- 使用锁的线程同步。
- 使用 RLock 的线程同步。
- 使用信号量的线程同步。
- 使用条件的线程同步。
- 使用事件的线程同步。
- 使用屏障的线程同步。
- 使用队列的线程通信。

我们还会研究 Python 为多线程编程提供的主要选择。为此，我们将重点介绍使用 threading 模块。

2.1　什么是线程?

线程（*thread*）是一个独立的执行流，可以与系统中的其他线程并发地并行执行。

多个线程可以共享数据和资源，充分利用所谓的共享信息空间。线程和进程的特定实现取决于你计划在哪个操作系统上运行应用，不过，一般来讲，可以说线程包含在一个进程中，同一个进程中的不同线程会共享一些资源。与此不同，不同进程不会与其他进程共享它们自己的资源。

线程由 3 个元素组成：程序计数器、寄存器和堆栈。与相同进程中的其他线程共享的资源基本上包括数据（*data*）和操作系统资源（*OS resources*）。另外，线程有自己的执行状态，也就是线程状态（*thread state*），而且可以与其他线程同步（*synchronized*）。

线程状态可以是就绪、运行或阻塞（见图 2 - 1）：

- 创建一个线程时，它会进入就绪（**ready**）状态。
- 由操作系统（或者由运行时支持系统）调度一个线程执行而且轮到它执行时，它开始执行，并进入运行（**running**）状态。
- 线程可能等待一个条件出现，这会从运行状态进入阻塞（**blocked**）状态。一旦阻塞条件终止，阻塞线程会返回到就绪状态。

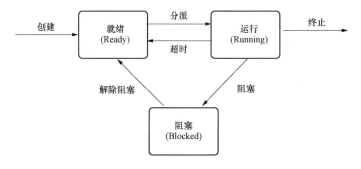

图 2 - 1　线程生命周期

多线程编程的主要优点在于性能，因为与属于同一个进程的线程间上下文切换相比，进程间的上下文切换更重量级。

在下面的技巧中（直到这一章最后），我们将分析 Python threading 模块，通过编程示例介绍它的主要函数。

2.2　Python threading 模块

Python 用 Python 标准库提供 threading 模块管理线程。这个模块提供了一些非常有意思的特性，使基于线程的方法变得容易得多。实际上，threading 模块提供了多种同步机制，而且实现非常简单。

threading 模块的主要组件包括：

- thread 对象。
- lock 对象。
- RLock 对象。
- semaphore 对象。
- condition 对象。
- event 对象。

在下面的技巧中，我们会用不同的应用示例来介绍 threading 库提供的特性。对于以下例子，我们使用了 Python3.5.0 发布版本（https：//www.python.org/downloads/release/python-350/）。

2.3　定义一个线程

使用线程最简单的方法是用一个目标函数实例化线程，然后调用 start 方法让它开始工作。

2.3.1　准备工作

Pythonthreading 模块提供了一个 Thread 类，用来在一个不同的线程中运行方法和函数：

```
class threading. Thread(group = None,
                target = None,
                name = None,
                args = (),
                kwargs = {})
```

下面是 Thread 类的参数：

- group：这是线程组（group）值，必须为 None；这是为将来的实现保留的。
- target：这是启动一个线程活动时要执行的目标函数。
- name：这是线程名。默认地，会为线程指定一个唯一的线程名（形如 Thread-N）。

- args：这是要传递到目标函数的参数元组。
- kwargs：这是用于 target 函数的关键字参数字典。

下一节中，我们来看如何定义一个线程。

2.3.2　实现过程

通过传入一个数来定义一个线程，这个数表示线程号，最后会打印结果：

（1）使用以下 Python 命令导入 threading 模块：

```
import threading
```

（2）在 main 程序中，用一个名为 my_func 的 target 函数实例化一个 Thread 对象。然后，传入一个函数参数，这个参数将包含在输出消息中：

```
t = threading.Thread(target = function , args = (i,))
```

（3）调用 start 方法之前这个线程不会开始运行，join 方法会让调用线程（即主线程）等待，直到这个线程完成执行，如下所示：

```
import threading

def my_func(thread_number):
    return print('my_func called by thread N°\
        {}'.format(thread_number))


def main():
    threads = []
    for i in range(10):
        t = threading.Thread(target = my_func, args = (i,))
        threads.append(t)
        t.start()
        t.join()

if __name__ == "__main__":
    main()
```

2.3.3　工作原理

在 main 程序中，我们要初始化线程列表，在这个列表中增加创建的各个线程实例。创建的线程总数为 10，第 i 个线程的索引 i 作为参数传入第 i 个线程：

my_func called by thread N°0

my_func called by thread N°1

my_func called by thread N°2

my_func called by thread N°3

my_func called by thread N°4

my_func called by thread N°5

my_func called by thread N°6

my_func called by thread N°7

my_func called by thread N°8

my_func called by thread N°9

2.3.4　相关内容

所有现代处理器都是多核的，这使得完成多个并行操作成为可能，而且可以充分利用计算机的计算资源。尽管如此，多线程编程还隐藏着一些不那么简单的困难，必须适当地管理这些问题来避免死锁或同步问题等错误。

2.4　确定当前线程

使用参数来标识或命名线程很麻烦，也没有必要。每个 Thread 实例都有一个名字（*name*），这个名字有一个默认值，可以在创建线程时修改。

对于服务器进程（有多个处理不同操作的服务线程），对线程命名很有用。

2.4.1　准备工作

threading 模块提供了 currentThread（）.getName（）方法，它会返回当前线程名。

下一节会介绍如何使用这个函数确定在运行哪一个线程。

2.4.2　实现过程

来看以下步骤：

（1）为了确定在运行哪一个线程，我们创建了 3 个目标函数，并导入 time 模块，让线程执行暂停 2 秒：

```
import threading
import time
```

```
def function_A():
    print (threading. currentThread(). getName() + str('—>\
        starting \n'))
    time. sleep(2)
    print (threading. currentThread(). getName() + str( '—>\
        exiting \n'))
def function_B():
    print (threading. currentThread(). getName() + str('—>\
        starting \n'))
    time. sleep(2)
    print (threading. currentThread(). getName() + str( '—>\
        exiting \n'))
def function_C():
    print (threading. currentThread(). getName() + str('—>\
        starting \n'))
    time. sleep(2)
    print (threading. currentThread(). getName() + str( '—>\
        exiting \n'))
```

（2）用一个 target 函数实例化 3 个线程。然后传入要打印的线程名，如果未定义，则使用默认名。然后为每个线程调用 start（）和 join（）方法：

```
if __name__ == "__main__":

    t1 = threading. Thread(name = 'function_A', target = function_A)
    t2 = threading. Thread(name = 'function_B', target = function_B)
    t3 = threading. Thread(name = 'function_C', target = function_C)

    t1. start()
    t2. start()
    t3. start()
    t1. join()
    t2. join()
    t3. join()
```

2.4.3 工作原理

我们要建立 3 个线程，为每个线程指定一个 target 函数。执行和终止 target 函数时，会正确地打印函数名。

对于这个例子，输出可能如下所示（不过显示的顺序可能不一样）：

```
function_A —> starting
function_B —> starting
function_C —> starting

function_A —> exiting
function_B —> exiting
function_C —> exiting
```

2.5　定义一个线程子类

创建一个线程可能要求定义一个继承 Thread 类的子类。Thread 类在"定义一个线程"一节中解释过，它包含在 threading 模块中，所以必须导入这个模块。

2.5.1　准备工作

下一节要定义的类表示我们的线程，它遵循一个明确的结构：首先必须定义 __init__ 方法，不过，最重要的，我们必须覆盖 run 方法。

2.5.2　实现过程

相关的步骤如下：

（1）定义 MyThreadClass 类，可以用这个类创建我们想要的所有线程。这种类型的各个线程的作用由 run 方法中定义的操作确定，在这个简单的例子中，它只是在执行开始和结束时打印一个字符串：

```python
import time
import os
from random import randint
from threading import Thread

class MyThreadClass (Thread):
```

（2）另外，在 __init__ 方法中，我们指定了两个初始化参数，分别是 name 和 duration，这会在 run 方法中使用：

```python
def __init__(self, name, duration):
```

```
        Thread.__init__(self)
        self.name = name
        self.duration = duration

    def run(self):
        print ("——> " + self.name + \
                "running, belonging to process ID "\
                + str(os.getpid()) + "\n")
        time.sleep(self.duration)
        print ("——> " + self.name + " over\n")
```

（3）然后在创建线程时设置这些参数。具体的，duration 参数使用 randint 函数来计算，这会输出一个介于 1~10 的随机整数。由 MyThreadClass 的定义，下面来看如何实例化更多线程，代码如下所示：

```
def main():

    start_time = time.time()

    # Thread Creation
    thread1 = MyThreadClass("Thread#1 ", randint(1,10))
    thread2 = MyThreadClass("Thread#2 ", randint(1,10))
    thread3 = MyThreadClass("Thread#3 ", randint(1,10))
    thread4 = MyThreadClass("Thread#4 ", randint(1,10))
    thread5 = MyThreadClass("Thread#5 ", randint(1,10))
    thread6 = MyThreadClass("Thread#6 ", randint(1,10))
    thread7 = MyThreadClass("Thread#7 ", randint(1,10))
    thread8 = MyThreadClass("Thread#8 ", randint(1,10))
    thread9 = MyThreadClass("Thread#9 ", randint(1,10))

    # Thread Running
    thread1.start()
    thread2.start()
    thread3.start()
    thread4.start()
    thread5.start()
    thread6.start()
    thread7.start()
    thread8.start()
```

```
thread9. start()

# Thread joining
thread1. join()
thread2. join()
thread3. join()
thread4. join()
thread5. join()
thread6. join()
thread7. join()
thread8. join()
thread9. join()

# End
print("End")

# Execution Time
print(" ── % s seconds ── " % (time. time() - start_time))
if __name__ == "__main__":
    main()
```

2.5.3　工作原理

在这个例子中，我们创建了 9 个线程，根据 __ init __ 方法的定义，每个线程分别有自己的 name 和 duration 属性。

然后使用 start 方法运行这些线程，这只是执行之前定义的 run 方法的内容。注意，每个线程的进程 ID 是一样的，这说明我们在一个多线程进程中。

另外，还要注意 start 方法不是阻塞的：执行这个方法时，控制会立即转到下一行，同时线程在后台启动。实际上，可以看到，线程的创建并不是按代码中指定的顺序发生。另外，线程终止要受 duration 参数值的限制，这个参数使用 randint 函数计算，在创建各个线程实例时传入。要等待一个线程完成，必须执行 join 操作。

输出如下所示：

──> Thread#1 running, belonging to process ID 13084

──> Thread#5 running, belonging to process ID 13084

──> Thread#2 running, belonging to process ID 13084

──> Thread#6 running, belonging to process ID 13084

──> Thread#7 running, belonging to process ID 13084

```
——> Thread#3 running, belonging to process ID 13084
——> Thread#4 running, belonging to process ID 13084
——> Thread#8 running, belonging to process ID 13084
——> Thread#9 running, belonging to process ID 13084

——> Thread#6 over
——> Thread#9 over
——> Thread#5 over
——> Thread#2 over
——> Thread#7 over
——> Thread#4 over
——> Thread#3 over
——> Thread#8 over
——> Thread#1 over

End

—— 9.117518663406372 seconds ——
```

2.5.4　相关内容

与面向对象编程（OOP）关联最多的一个特性是继承（*inheritance*），就是能够定义一个新类，作为已有的一个类的修改版本。继承的主要好处是可以为一个类增加新方法，而不用修改原来的定义。

原来的类通常称为父类，而派生类称为子类。继承是一个强大的特性，由于可以定制一个类的行为而不用修改原来的类，有些程序写起来更容易、更简洁。继承结构可以反映问题的结构，有些情况下，这一点会使程序更易于理解。

不过（注意!），由于继承，程序可能更难读。这是因为，调用一个方法时，并不总是清楚这个方法在代码中的什么位置定义，必须跟踪到多个模块中，而不是在一个明确的位置。

利用继承可以做很多事情，即使不使用继承通常也能很好地管理，所以只有当问题的结构确实需要时，使用继承才合适。如果在不恰当的情况下使用，继承导致的危害可能会超过使用继承带来的好处。

2.6　使用锁的线程同步

threading 模块还包括一个简单的锁机制，允许在线程之间实现同步。

2.6.1 准备工作

锁（*lock*）就是通常可以由多个线程访问的一个对象，一个线程在继续执行程序的一个保护区之前，必须拥有锁。这些锁通过执行 Lock（）方法创建，这个方法在 threading 模块中定义。

一旦创建了锁，可以使用两个方法来同步两个（或更多）线程的执行：acquire（）方法获得锁控制，release（）方法释放锁。

acquire（）方法接受一个可选的参数，如果没有指定这个参数或者参数设置为 True，则要求线程暂挂执行，直到其他线程释放锁为止，然后可以获得锁。另一方面，如果执行 acquire（）方法时参数等于 False，则立即返回一个 Boolean 结果，如果已经得到锁，则为 True，否则为 False。

在下面的例子中，我们会修改上一个技巧"2.5 定义一个线程子类"中的代码来展示锁机制。

2.6.2 实现过程

相关步骤如下：

（1）如以下代码块所示，这里修改了 MyThreadClass 类，在 run 方法中引入了 acquire（）和 release（）方法，另外 Lock（）定义放在类定义之外：

```
import threading
import time
import os
from threading import Thread
from random import randint

# Lock Definition
threadLock = threading.Lock()

class MyThreadClass (Thread):
    def __init__(self, name, duration):
        Thread.__init__(self)
        self.name = name
        self.duration = duration
    def run(self):
        #Acquire the Lock
        threadLock.acquire()
```

```
            print ("——> " + self.name + \
                " running, belonging to process ID "\
                + str(os.getpid()) + "\n")
        time.sleep(self.duration)
        print ("——> " + self.name + " over\n")
        #Release the Lock
        threadLock.release()
```

（2）main（）函数与前面的代码示例中相同，未做修改：

```
def main():
    start_time = time.time()
    # Thread Creation
    thread1 = MyThreadClass("Thread#1 ", randint(1,10))
    thread2 = MyThreadClass("Thread#2 ", randint(1,10))
    thread3 = MyThreadClass("Thread#3 ", randint(1,10))
    thread4 = MyThreadClass("Thread#4 ", randint(1,10))
    thread5 = MyThreadClass("Thread#5 ", randint(1,10))
    thread6 = MyThreadClass("Thread#6 ", randint(1,10))
    thread7 = MyThreadClass("Thread#7 ", randint(1,10))
    thread8 = MyThreadClass("Thread#8 ", randint(1,10))
    thread9 = MyThreadClass("Thread#9 ", randint(1,10))

    # Thread Running
    thread1.start()
    thread2.start()
    thread3.start()
    thread4.start()
    thread5.start()
    thread6.start()
    thread7.start()
    thread8.start()
    thread9.start()

    # Thread joining
    thread1.join()
    thread2.join()
    thread3.join()
```

```
        thread4.join()
        thread5.join()
        thread6.join()
        thread7.join()
        thread8.join()
        thread9.join()

        # End
        print("End")
        # Execution Time
        print(" —— %s seconds —— " % (time.time() - start_time))

if __name__ == "__main__":
    main()
```

2.6.3 工作原理

我们修改了上一节中的代码，这里使用了一个锁，使线程顺序执行。

第一个线程获得锁，并完成它的任务，此时其他 8 个线程暂停。第一个线程执行到最后，也就是说，执行 release（）方法时，第二个线程得到锁，然后线程 3 到线程 8 仍等待，直到第二个线程执行结束［同样的，在运行 release（）方法之后］。

这种获得锁和释放锁的过程不断重复，直到第 9 个线程。使用锁机制的结果是，最终这些线程会采用一种顺序模式执行，输出如下所示：

```
——> Thread#1 running, belonging to process ID 10632
——> Thread#1 over
——> Thread#2 running, belonging to process ID 10632
——> Thread#2 over
——> Thread#3 running, belonging to process ID 10632
——> Thread#3 over
——> Thread#4 running, belonging to process ID 10632
——> Thread#4 over
——> Thread#5 running, belonging to process ID 10632
——> Thread#5 over
——> Thread#6 running, belonging to process ID 10632
——> Thread#6 over
——> Thread#7 running, belonging to process ID 10632
```

──▷ Thread#7 over

──▷ Thread#8 running, belonging to process ID 10632

──▷ Thread#8 over

──▷ Thread#9 running, belonging to process ID 10632

──▷ Thread#9 over

End

── 47. 3672661781311 seconds ──

2. 6. 4　相关内容

acquire（）和 release（）方法的插入点决定了整个代码的执行。出于这个原因，有必要花些时间分析你想使用哪些线程以及你希望如何实现同步，这非常重要。

例如，我们可以改变 MyThreadClass 类中 release（）方法的插入点，代码如下所示：

```python
import threading
import time
import os
from threading import Thread
from random import randint

# Lock Definition
threadLock = threading.Lock()
class MyThreadClass (Thread):
    def __init__(self, name, duration):
        Thread.__init__(self)
        self.name = name
        self.duration = duration
    def run(self):
        # Acquire the Lock
        threadLock.acquire()
        print("──▷ " + self.name + \
              " running, belonging to process ID "\
              + str(os.getpid()) + "\n")
        # Release the Lock in this new point
        threadLock.release()
        time.sleep(self.duration)
```

```
print ("——> " + self.name + " over\n")
```

在这种情况下，输出会有很大变化：

——> Thread # 1 running, belonging to process ID 11228
——> Thread # 2 running, belonging to process ID 11228
——> Thread # 3 running, belonging to process ID 11228
——> Thread # 4 running, belonging to process ID 11228
——> Thread # 5 running, belonging to process ID 11228
——> Thread # 6 running, belonging to process ID 11228
——> Thread # 7 running, belonging to process ID 11228
——> Thread # 8 running, belonging to process ID 11228
——> Thread # 9 running, belonging to process ID 11228

——> Thread # 2 over
——> Thread # 4 over
——> Thread # 6 over
——> Thread # 5 over
——> Thread # 1 over
——> Thread # 3 over
——> Thread # 9 over
——> Thread # 7 over
——> Thread # 8 over

End
—— 6. 11468243598938 seconds ——

可以看到，只是线程创建会顺序进行。一旦完成线程创建，新线程获得锁，而前一个线程仍在后台继续计算。

2.7 使用 RLock 的线程同步

重入锁（或简写为 RLock）是一个同步原语，可以由同一个线程获得多次。

它使用了专有线程的概念。这表示，在锁定状态（*locked state*）中，一些线程拥有锁，而在未锁定状态（*unlocked state*），锁不属于任何线程。

下面的例子展示了如何通过 RLock（）机制管理线程。

2.7.1 准备工作

RLock 通过 threading. RLock（）类实现。它提供了 acquire（）和 release（）方法，与

threading. Lock（）类中的语法相同。

同一个线程可以多次获得一个 RLock 锁。拥有重入锁的线程对应之前的每一个 acquire（）调用都要做一个 release（）调用，在此之前，其他线程不能获得 RLock 锁。确实，必须释放 RLock 锁，但是只能由获得了这个锁的线程释放。

2.7.2　实现过程

相关步骤如下：

（1）我们引入了 Box 类，它提供了 add（）和 remove（）方法，分别访问 execute（）方法来完成增加或删除一个元素的动作。对 execute（）方法的访问由 RLock（）管理：

```python
import threading
import time
import random

class Box:
    def __init__(self):
        self.lock = threading.RLock()
        self.total_items = 0

    def execute(self, value):
        with self.lock:
            self.total_items += value

    def add(self):
        with self.lock:
            self.execute(1)

    def remove(self):
        with self.lock:
            self.execute(-1)
```

（2）下面的函数分别由两个线程调用。它们接受 box 类和要增加或删除的元素个数（items）作为参数：

```python
def adder(box, items):
    print("N° {} items to ADD \n".format(items))
    while items:
        box.add()
        time.sleep(1)
```

```
            items - = 1
            print("ADDED one item —>{} item to ADD \n".format(items))

    def remover(box, items):
        print("N° {} items to REMOVE\n".format(items))
        while items:
            box.remove()
            time.sleep(1)
            items - = 1
            print("REMOVED one item —>{} item to REMOVE\
                \n".format(items))
```

（3）在这里，设置了在 box 中增加或删除的元素总数。可以看到，这两个数是不同的。adder 和 remover 方法都完成任务时，执行结束：

```
    def main():
        items = 10
        box = Box()

        t1 = threading.Thread(target = adder, \
                            args = (box, random.randint(10,20)))
        t2 = threading.Thread(target = remover, \
                            args = (box, random.randint(1,10)))
        t1.start()
        t2.start()

        t1.join()
        t2.join()
    if __name__ == "__main__":
        main()
```

2.7.3　工作原理

在 main 程序中，两个线程 t1 和 t2 分别与 adder（）和 remover（）函数关联。如果元素个数大于 0，这些函数就会增加和删除元素。

RLock（）调用在 Box 类的 __init__ 方法中执行：

```
class Box:
    def __init__(self):
```

```
            self.lock = threading.RLock()
            self.total_items = 0
```

这两个函数（adder()和 remover()）要处理 Box 类的元素，并且分别调用 Box 类的 add()和 remove()方法。

在各个方法调用中，会获得一个资源，然后使用 _ init _ 方法中设置的 lock 参数释放。输出如下：

```
N° 16 items to ADD
N° 1 items to REMOVE

ADDED one item —>15 item to ADD
REMOVED one item —>0 item to REMOVE


ADDED one item —>14 item to ADD
ADDED one item —>13 item to ADD
ADDED one item —>12 item to ADD
ADDED one item —>11 item to ADD
ADDED one item —>10 item to ADD
ADDED one item —>9 item to ADD
ADDED one item —>8 item to ADD
ADDED one item —>7 item to ADD
ADDED one item —>6 item to ADD
ADDED one item —>5 item to ADD
ADDED one item —>4 item to ADD
ADDED one item —>3 item to ADD
ADDED one item —>2 item to ADD
ADDED one item —>1 item to ADD
ADDED one item —>0 item to ADD
>>>
```

2.7.4　相关内容

lock 和 *RLock* 的区别如下：

· 锁（*lock*）在释放前只能获得一次，而重入锁（*RLock*）可以由同一个线程获得多次，而且必须释放同样的次数才能释放 *RLock*。

· 另一个区别是，已得到的锁可以由任意的线程释放，而已得到的 *RLock* 只能由获得这

个 *RLock* 的线程释放。

2.8　使用信号量的线程同步

信号量（**semaphore**）是一个由操作系统管理的抽象数据类型，用来同步多个线程对共享资源和数据的访问。信号量包括一个内部变量，会标识对关联资源的并发访问数。

2.8.1　准备工作

信号量的操作基于两个函数：acquire（）和 release（），下面来分别解释：

- 一个线程想要访问一个给定资源或者与一个信号量关联的资源时，必须调用 acquire（）操作，这会使信号量的内部变量递减，如果这个变量的值为非负数，则允许访问这个资源。如果这个值为负，这个线程就要暂挂，等待另一个线程释放资源。
- 使用完共享资源时，线程通过 release（）操作释放资源。这样一来，信号量的内部变量会递增，使得一个等待的线程（如果有的话）有机会访问刚刚释放的资源。

信号量是计算机科学历史上最古老的同步原语之一，由荷兰计算机科学家 Edsger W. Dijkstra 发明。

下面的例子展示了如何通过信号量实现线程同步。

2.8.2　实现过程

下面的代码描述了这样一个问题：我们有两个线程，producer（）和 consumer（），它们共享一个公共资源，也就是一个元素。producer（）的任务是生成这个元素，而 consumer（）线程的任务是使用所生成的这个元素。

如果这个元素还未生成，consumer（）线程就必须等待。一旦生成了这个元素，producer（）线程会通知消费者（consumer（））可以使用这个资源了：

（1）通过将信号量初始化为 0，我们会得到一个所谓的信号量事件，它的唯一作用是同步两个或多个线程的计算。在这里，线程必须同时使用数据或公共资源：

```
semaphore = threading.Semaphore(0)
```

（2）这个操作非常类似于锁机制中描述的锁操作。producer（）线程创建元素，在此之后，通过调用 release（）方法释放这个资源：

```
semaphore.release()
```

（3）类似的，consumer（）线程通过 acquire（）方法得到数据。如果信号量的计数器等于 0，则阻塞这个信号量的 acquire（）方法，直到得到另一个不同线程的通知。如果信号量的计数器大于 0，则将这个值递减。生产者创建一个元素时，它会释放信号量，然后消费者得到信号量，并消费共享的资源：

```
semaphore. acquire()
```

（4）通过信号量完成的同步过程代码块如下所示：

```
import logging
import threading
import time
import random

LOG_FORMAT = '%(asctime)s %(threadName) - 17s %(levelname) - 8s %\
              (message)s'
logging. basicConfig(level = logging. INFO, format = LOG_FORMAT)

semaphore = threading. Semaphore(0)
item = 0

def consumer():
    logging. info('Consumer is waiting')
    semaphore. acquire()
    logging. info('Consumer notify: item number {}'. format(item))

def producer():
    global item
    time. sleep(3)
    item = random. randint(0, 1000)
    logging. info('Producer notify: item number {}'. format(item))
    semaphore. release()

# Main program
def main():
    for i in range(10):
        t1 = threading. Thread(target = consumer)
        t2 = threading. Thread(target = producer)

        t1. start()
        t2. start()

        t1. join()
```

```
    t2.join()

if __name__ == "__main__":
    main()
```

2.8.3　工作原理

然后在标准输出上打印得到的数据：

```
print ("Consumer notify : consumed item number % s " % item)
```

以下是我们循环 10 次得到的结果：

2019 - 01 - 27 19:21:19,354 Thread - 1 INFO Consumer is waiting

2019 - 01 - 27 19:21:22,360 Thread - 2 INFO Producer notify: item number 388

2019 - 01 - 27 19:21:22,385 Thread - 1 INFO Consumer notify: item number 388

2019 - 01 - 27 19:21:22,395 Thread - 3 INFO Consumer is waiting

2019 - 01 - 27 19:21:25,398 Thread - 4 INFO Producer notify: item number 939

2019 - 01 - 27 19:21:25,450 Thread - 3 INFO Consumer notify: item number 939

2019 - 01 - 27 19:21:25,453 Thread - 5 INFO Consumer is waiting

2019 - 01 - 27 19:21:28,459 Thread - 6 INFO Producer notify: item number 388

2019 - 01 - 27 19:21:28,468 Thread - 5 INFO Consumer notify: item number 388

2019 - 01 - 27 19:21:28,476 Thread - 7 INFO Consumer is waiting

2019 - 01 - 27 19:21:31,478 Thread - 8 INFO Producer notify: item number 700

2019 - 01 - 27 19:21:31,529 Thread - 7 INFO Consumer notify: item number 700

2019 - 01 - 27 19:21:31,538 Thread - 9 INFO Consumer is waiting

2019 - 01 - 27 19:21:34,539 Thread - 10 INFO Producer notify: item number 685

2019 - 01 - 27 19:21:34,593 Thread - 9 INFO Consumer notify: item number 685

2019 - 01 - 27 19:21:34,603 Thread - 11 INFO Consumer is waiting

2019 - 01 - 27 19:21:37,604 Thread - 12 INFO Producer notify: item number 503

2019 - 01 - 27 19:21:37,658 Thread - 11 INFO Consumer notify: item number 503

2019 - 01 - 27 19:21:37,668 Thread - 13 INFO Consumer is waiting

2019 - 01 - 27 19:21:40,670 Thread - 14 INFO Producer notify: item number 690

2019 - 01 - 27 19:21:40,719 Thread - 13 INFO Consumer notify: item number 690

2019 - 01 - 27 19:21:40,729 Thread - 15 INFO Consumer is waiting

2019 - 01 - 27 19:21:43,731 Thread - 16 INFO Producer notify: item number 873

2019 - 01 - 27 19:21:43,788 Thread - 15 INFO Consumer notify: item number 873

2019 - 01 - 27 19:21:43,802 Thread - 17 INFO Consumer is waiting

2019 - 01 - 27 19:21:46,807 Thread - 18 INFO Producer notify: item number 691

```
2019 - 01 - 27 19:21:46,861 Thread - 17 INFO Consumer notify: item number 691
2019 - 01 - 27 19:21:46,874 Thread - 19 INFO Consumer is waiting
2019 - 01 - 27 19:21:49,876 Thread - 20 INFO Producer notify: item number 138
2019 - 01 - 27 19:21:49,924 Thread - 19 INFO Consumer notify: item number 138
>>>
```

2.8.4　相关内容

信号量的一个特殊用法是互斥锁（*mutex*）。互斥锁就是内部变量初始化为 1 的一个信号量，可以实现对数据和资源的互斥访问。

信号量在多线程编程语言中仍然很常用，不过，信号量存在两个主要问题，我们之前已经讨论过，分别是：

- 无法避免一个线程在同一个信号量上完成多个等待操作。相对于所完成的等待操作，很容易忘记完成所有必要的释放操作（释放操作数要与等待操作数相同）。
- 可能遇到死锁的情况。例如，t1 线程在 s1 信号量上执行一个等待，t2 线程在 s2 信号量上执行一个等待，然后 t1 在 s2 上执行等待，而 t2 在 s1 上执行一个等待，这就会产生一个死锁。

2.9　使用条件的线程同步

条件（*condition*）标识应用中状态的改变。在这种同步机制中，一个线程等待一个特定的条件，另一个线程则通知这个条件已经发生。

一旦条件发生，线程会得到锁来独占访问共享的资源。

2.9.1　准备工作

描述这种机制的一个好办法是再来看生产者/消费者问题。生产者（Producer 类）写入一个缓冲区（如果缓冲区不满），消费者（Consumer 类）从这个缓冲区取出数据，即把数据从缓冲区删除（如果缓冲区不为空）。生产者会通知消费者缓冲区非空，而消费者会告诉生产者缓冲区不满。

2.9.2　实现过程

相关步骤如下：

（1）类 Consumer 获得通过 items［］列表模拟的共享资源：

```
condition. acquire()
```

（2）如果列表长度等于 0，则消费者置于等待状态：

```
if len(items) == 0:
    condition.wait()
```

（3）然后对 items 列表完成一个 pop 操作：

```
items.pop()
```

（4）消费者的状态会通知生产者，并释放共享的资源：

```
condition.notify()
```

（5）类 Producer 获得共享资源，然后检验列表是否已满（在我们的例子中，最多放入 10 个元素，即 items 列表能包含的最大元素数）。如果列表已满，生产者则置于等待状态，直到有消费者消费这个列表：

```
condition.acquire()
if len(items) == 10:
    condition.wait()
```

（6）如果列表不满，则增加一个元素。将通知这个状态并释放资源：

```
condition.notify()
condition.release()
```

（7）为了展示条件机制，这里将再次使用消费者/生产者模型：

```
import logging
import threading
import time

LOG_FORMAT = '%(asctime)s %(threadName)-17s %(levelname)-8s %\
              (message)s'
logging.basicConfig(level=logging.INFO, format=LOG_FORMAT)

items = []
condition = threading.Condition()

class Consumer(threading.Thread):
    def __init__(self, *args, **kwargs):
        super().__init__(*args, **kwargs)

    def consume(self):
```

```python
        with condition:

            if len(items) == 0:
                logging.info('no items to consume')
                condition.wait()

            items.pop()
            logging.info('consumed 1 item')

            condition.notify()
    def run(self):
        for i in range(20):
            time.sleep(2)
            self.consume()


class Producer(threading.Thread):
    def __init__(self, *args, **kwargs):
        super().__init__(*args, **kwargs)

    def produce(self):

        with condition:
            if len(items) == 10:
                logging.info('items produced {}. \
                    Stopped'.format(len(items)))
                condition.wait()

            items.append(1)
            logging.info('total items {}'.format(len(items)))

            condition.notify()

    def run(self):
        for i in range(20):
            time.sleep(0.5)
            self.produce()
```

2.9.3 工作原理

生产者生成元素，并把元素连续地存储在缓冲区中。与此同时，消费者使用所生成的数据，不时地从缓冲区删除元素。

　　一旦消费者从缓冲区取出一个对象，它会唤醒生产者，生产者再开始填充缓冲区。

　　类似地，如果缓冲区为空，消费者会暂挂。一旦生产者将数据下载到缓冲区，会唤醒消费者。

　　可以看到，即使是这种情况下，也可以使用 condition 方法使线程适当地同步。

　　运行一次后得到的结果如下：

```
2019 - 08 - 05 14:33:44,285 Producer INFO total items 1
2019 - 08 - 05 14:33:44,786 Producer INFO total items 2
2019 - 08 - 05 14:33:45,286 Producer INFO total items 3
2019 - 08 - 05 14:33:45,786 Consumer INFO consumed 1 item
2019 - 08 - 05 14:33:45,787 Producer INFO total items 3
2019 - 08 - 05 14:33:46,287 Producer INFO total items 4
2019 - 08 - 05 14:33:46,788 Producer INFO total items 5
2019 - 08 - 05 14:33:47,289 Producer INFO total items 6
2019 - 08 - 05 14:33:47,787 Consumer INFO consumed 1 item
2019 - 08 - 05 14:33:47,790 Producer INFO total items 6
2019 - 08 - 05 14:33:48,291 Producer INFO total items 7
2019 - 08 - 05 14:33:48,792 Producer INFO total items 8
2019 - 08 - 05 14:33:49,293 Producer INFO total items 9
2019 - 08 - 05 14:33:49,788 Consumer INFO consumed 1 item
2019 - 08 - 05 14:33:49,794 Producer INFO total items 9
2019 - 08 - 05 14:33:50,294 Producer INFO total items 10
2019 - 08 - 05 14:33:50,795 Producer INFO items produced 10. Stopped
2019 - 08 - 05 14:33:51,789 Consumer INFO consumed 1 item
2019 - 08 - 05 14:33:51,790 Producer INFO total items 10
2019 - 08 - 05 14:33:52,290 Producer INFO items produced 10. Stopped
2019 - 08 - 05 14:33:53,790 Consumer INFO consumed 1 item
2019 - 08 - 05 14:33:53,790 Producer INFO total items 10
2019 - 08 - 05 14:33:54,291 Producer INFO items produced 10. Stopped
2019 - 08 - 05 14:33:55,790 Consumer INFO consumed 1 item
2019 - 08 - 05 14:33:55,791 Producer INFO total items 10
2019 - 08 - 05 14:33:56,291 Producer INFO items produced 10. Stopped
2019 - 08 - 05 14:33:57,791 Consumer INFO consumed 1 item
2019 - 08 - 05 14:33:57,791 Producer INFO total items 10
2019 - 08 - 05 14:33:58,292 Producer INFO items produced 10. Stopped
2019 - 08 - 05 14:33:59,791 Consumer INFO consumed 1 item
```

```
2019 - 08 - 05 14:33:59,791 Producer INFO total items 10
2019 - 08 - 05 14:34:00,292 Producer INFO items produced 10. Stopped
2019 - 08 - 05 14:34:01,791 Consumer INFO consumed 1 item
2019 - 08 - 05 14:34:01,791 Producer INFO total items 10
2019 - 08 - 05 14:34:02,291 Producer INFO items produced 10. Stopped
2019 - 08 - 05 14:34:03,791 Consumer INFO consumed 1 item
2019 - 08 - 05 14:34:03,792 Producer INFO total items 10
2019 - 08 - 05 14:34:05,792 Consumer INFO consumed 1 item
2019 - 08 - 05 14:34:07,793 Consumer INFO consumed 1 item
2019 - 08 - 05 14:34:09,794 Consumer INFO consumed 1 item
2019 - 08 - 05 14:34:11,795 Consumer INFO consumed 1 item
2019 - 08 - 05 14:34:13,795 Consumer INFO consumed 1 item
2019 - 08 - 05 14:34:15,833 Consumer INFO consumed 1 item
2019 - 08 - 05 14:34:17,833 Consumer INFO consumed 1 item
2019 - 08 - 05 14:34:19,833 Consumer INFO consumed 1 item
2019 - 08 - 05 14:34:21,834 Consumer INFO consumed 1 item
2019 - 08 - 05 14:34:23,835 Consumer INFO consumed 1 item
```

2.9.4　相关内容

　　查看 Python 的条件同步机制的内部实现很有意思。如果没有向类构造函数传递一个已有的锁，内部 class _Condition 会创建一个 RLock（）对象。另外，调用 acquire（）和 release（）时会管理这个锁：

```
class _Condition(_Verbose):
    def __init__(self, lock = None, verbose = None):
        _Verbose.__init__(self, verbose)
        if lock is None:
            lock = RLock()
        self.__lock = lock
```

2.10　使用事件的线程同步

　　事件是用于线程间通信的一个对象。一个线程等待一个信号，另一个线程输出这个信号。基本说来，event 对象管理一个内部标志，这可以用 clear（）设置为 false，用 set（）设置为 true，还可以用 is_set（）测试。

线程可以利用 wait（）方法等待一个信号，用 set（）方法发送信号。

2.10.1　准备工作

要理解通过 event 对象实现的线程同步，下面来看生产者/消费者问题。

2.10.2　实现过程

同样的，为了解释如何通过事件同步线程，我们再来看生产者/消费者问题。这个问题描述了两个过程，一个生产者和一个消费者，它们共享一个固定大小的公共缓冲区。生产者的任务是生成元素，并把它们放在连续的缓冲区中。同时，消费者要使用所生产的元素，不时地将它们从缓冲区删除。

现在的问题是，要确保如果缓冲区满，生产者不会生成新数据，另外如果缓冲区为空，消费者不会查找数据。

下面来看如何使用 event 语句实现线程同步来实现生产者/消费者问题：

（1）在这里，如下导入相关的库：

```
import logging
import threading
import time
import random
```

（2）然后，定义日志输出格式。清楚地显示所发生的情况很有用：

```
LOG_FORMAT = '%(asctime)s %(threadName)-17s %(levelname)-8s %\
              (message)s'
logging.basicConfig(level = logging.INFO, format = LOG_FORMAT)
```

（3）设置 items 列表。Consumer 和 Producer 类将使用这个参数：

```
items = []
```

（4）event 参数定义如下。这个参数将用来同步线程之间的通信：

```
event = threading.Event()
```

（5）基于元素列表和 Event（）函数，初始化 Consumer 类。在 run 方法中，消费者等待一个要消费的新元素。元素到达时，会从元素列表 items 弹出：

```
class Consumer(threading.Thread):
    def __init__(self, * args, * * kwargs):
        super().__init__( * args, * * kwargs)
```

```
        def run(self):
            while True:
                time.sleep(2)
                event.wait()
                item = items.pop()
                logging.info('Consumer notify: {} popped by {}'\
                                .format(item, self.name))
```

（6）基于元素列表和 Event（）函数，初始化 Producer 类。与使用 condition 对象的例子不同，元素列表不是全局的，要作为一个参数传递：

```
class Producer(threading.Thread):
    def __init__(self, * args, * * kwargs):
        super().__init__( * args, * * kwargs)
```

（7）在 run 方法中，对于创建的各个元素，Producer 类将这个元素追加到元素列表，然后通知事件：

```
    def run(self):
        for i in range(5):
            time.sleep(2)
            item = random.randint(0, 100)
            items.append(item)
            logging.info('Producer notify: item {} appended by\
                            {}'.format(item, self.name))
```

（8）这里还要完成两个步骤：

```
        event.set()
        event.clear()
```

（9）t1 线程向列表追加一个值，然后设置事件来通知消费者。消费者的 wait（）调用停止阻塞，从列表获取这个整数：

```
if __name__ == "__main__":
    t1 = Producer()
    t2 = Consumer()

    t1.start()
    t2.start()

    t1.join()
```

```
t2. join()
```

2.10.3 工作原理

Producer 和 Consumer 类之间的所有操作可以很容易地用图 2-2 描述。

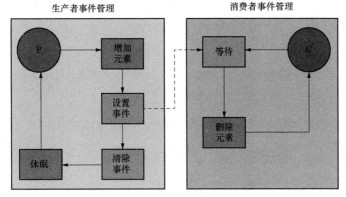

图 2-2 使用事件对象的线程同步

具体的，Producer 和 Consumer 类有以下行为：

• Producer 获得一个锁，向队列增加一个元素，向 Consumer 通知这个事件（设置事件）。然后休眠，直到接收到一个要增加的新元素。

• Consumer 获得一个锁，然后开始在一个连续循环中监听元素。元素到达时，消费者放弃这个锁，这就允许其他生产者/消费者进入并获得这个锁。如果 Consumer 被唤醒，它会重新获得锁，安全地处理队列的新元素：

2019 − 02 − 02 18：23：35，125 Thread − 1 INFO Producer notify：item 68
appended by Thread − 1
2019 − 02 − 02 18：23：35，133 Thread − 2 INFO Consumer notify：68 popped by
Thread − 2
2019 − 02 − 02 18：23：37，138 Thread − 1 INFO Producer notify：item 45
appended by Thread − 1
2019 − 02 − 02 18：23：37，143 Thread − 2 INFO Consumer notify：45 popped by
Thread − 2
2019 − 02 − 02 18：23：39，148 Thread − 1 INFO Producer notify：item 78
appended by Thread − 1
2019 − 02 − 02 18：23：39，153 Thread − 2 INFO Consumer notify：78 popped by
Thread − 2
2019 − 02 − 02 18：23：41，158 Thread − 1 INFO Producer notify：item 22

appended by Thread－1

2019－02－02 18:23:43,173 Thread－1 INFO Producer notify：item 48

appended by Thread－1

2019－02－02 18:23:43,178 Thread－2 INFO Consumer notify：48 popped by

Thread－2

2.11 使用屏障的线程同步

有时，一个应用可以划分为多个阶段，其规则是：如果一个进程的所有线程没有全部完成它们的任务，进程就不能继续。**屏障（barrier）**实现了这个概念：如果一个线程完成了它的阶段，会调用一个屏障原语并停止。涉及的所有线程都完成其执行阶段而且都调用了屏障原语时，系统将它们全部解锁，允许这些线程进入下一个阶段。

2.11.1 准备工作

Python 的 threading 模块通过 Barrier 类实现屏障。在下一节中，我们来了解如何在一个非常简单的例子中使用这个同步机制。

2.11.2 实现过程

在这个例子中，我们要模拟 3 个参赛者赛跑（Huey、Dewey 和 Louie），这里使用一个屏障作为终点线。

另外，3 个参赛者都跑过终点线时，比赛结束。

屏障通过 Barrier 类实现，在这里，要完成的线程数必须指定为一个参数传递到下一个阶段：

```python
from random import randrange
from threading import Barrier, Thread
from time import ctime, sleep

num_runners = 3
finish_line = Barrier(num_runners)
runners = ['Huey', 'Dewey', 'Louie']

def runner():
    name = runners.pop()
    sleep(randrange(2, 5))
```

```
        print('% s reached the barrier at：% s \n' % (name, ctime()))
        finish_line. wait()

def main()：
    threads = []
    print('sTART RACE!!!! ')
    for i in range(num_runners)：
        threads. append(Thread(target = runner))
        threads[ - 1]. start()
    for thread in threads：
        thread. join()
    print('Race over! ')

if __name__ == "__main__"：
    main()
```

2. 11. 3　工作原理

　　首先，设置参赛人数为 num_runners = 3，从而在下一行上通过 Barrier 指令设置最终目标。参赛者设置在 runners 列表中，每个参赛者分别有一个到达时间，这在 runner 函数中使用 randrange 方法确定。

　　一个参赛者到达终点时，调用 wait 方法，所有做了这个调用的参赛者（线程）都会阻塞。输出如下：

START RACE!!!!

Dewey reached the barrier at：Sat Feb 2 21：44：48 2019

Huey reached the barrier at：Sat Feb 2 21：44：49 2019

Louie reached the barrier at：Sat Feb 2 21：44：50 2019

Race over!

　　在这里，Dewey 赢得了比赛。

2. 12　使用队列的线程通信

　　线程需要共享数据或资源时，多线程可能很复杂。幸运的是，threading 模块提供了很多同步原语，包括信号量、条件变量、事件和锁。

不过，使用 queue 模块被认为是一个最佳实践。实际上，处理队列要容易得多，这使得多线程编程更为安全，因为它会有效地将对一个资源的所有访问排队，实现一种更简洁、更可读的设计模式。

2.12.1　准备工作

我们只需要考虑以下队列方法：
- put ()：在队列中放入一个元素。
- get ()：从队列删除并返回一个元素。
- task _ done ()：每次处理一个元素时需要调用这个方法。
- join ()：阻塞，直到所有元素都已经处理。

2.12.2　实现过程

在这个例子中，我们会看到如何使用 threading 模块和 queue 模块。另外，这里有两个实体想要共享一个公共资源，即一个队列。代码如下：

```
from threading import Thread
from queue import Queue
import time
import random

class Producer(Thread):
    def _init_(self, queue):
        Thread._init_(self)
        self.queue = queue
    def run(self):
        for i in range(5):
            item = random.randint(0, 256)
            self.queue.put(item)
            print('Producer notify : item N° % d appended to queue by\
                % s\n'\
                % (item, self.name))
            time.sleep(1)

class Consumer(Thread):
    def _init_(self, queue):
        Thread._init_(self)
```

```
        self.queue = queue

    def run(self):
        while True:
            item = self.queue.get()
            print('Consumer notify : % d popped from queue by % s'\
                    % (item, self.name))
            self.queue.task_done()

if __name__ == '__main__':
    queue = Queue()
    t1 = Producer(queue)
    t2 = Consumer(queue)
    t3 = Consumer(queue)
    t4 = Consumer(queue)

    t1.start()
    t2.start()
    t3.start()
    t4.start()

    t1.join()
    t2.join()
    t3.join()
    t4.join()
```

2. 12. 3　工作原理

首先，对于 Producer 类，不需要传递整数列表，因为我们使用队列来存储生成的整数。

Producer 类中的线程生成整数，并通过一个 for 循环把它们放在队列中。Producer 类使用 Queue. put（item［，block［，timeout]]）在队列中插入数据。它的逻辑是先得到锁，然后在队列中插入数据。

这里有两种可能：

• 如果可选参数 block 为 true 而且 timeout 为 None（这是这个例子中使用的默认值），就必须阻塞，直到队列中有空闲的槽。如果 timeout 是一个正数，就至多阻塞 timeout 秒，如果在此期间没有可用的空槽，会产生一个队列满异常。

• 如果 block 为 false，倘若有立即可用的空槽，就在队列中放入一个元素，否则，产生队列满异常（这种情况下会忽略 timeout）。在这里，put 检查队列是否满，然后在内部调用 wait，在此之后生产者开始等待。

　　接下来是 Consumer 类。这个线程从队列得到整数，并使用 task _ done 指示它的工作已经完成。Consumer 类使用 Queue. get（［block［, timeout］］），在从队列删除数据之前先获得锁。如果队列为空，消费者会置于等待状态。最后，在 main 函数中，我们创建了 4 个线程，一个对应 Producer 类，3 个对应 Consumer 类。

　　输出应如下所示：

Producer notify：item N°186 appended to queue by Thread-1
Consumer notify：186 popped from queue by Thread-2

Producer notify：item N°16 appended to queue by Thread-1
Consumer notify：16 popped from queue by Thread-3

Producer notify：item N°72 appended to queue by Thread-1
Consumer notify：72 popped from queue by Thread-4

Producer notify：item N°178 appended to queue by Thread-1
Consumer notify：178 popped from queue by Thread-2

Producer notify：item N°214 appended to queue by Thread-1
Consumer notify：214 popped from queue by Thread-3

2. 12. 4　相关内容

　　Producer 和 Consumer 类之间的所有操作可以很容易地用图 2-3 描述。

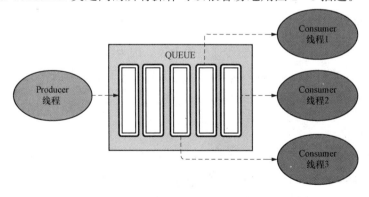

图 2-3　使用队列的线程同步

- Producer 线程获得锁，然后在 **QUEUE** 数据结构中插入数据。
- Consumer 线程从 **QUEUE** 得到整数。这些线程从 **QUEUE** 删除数据之前先得到锁。

如果 **QUEUE** 为空，Consumer 线程就处于**等待**（**waiting**）状态。

这一章介绍的是基于线程的并行，介绍完这个技巧，这一章也告一段落。

第 3 章 基于进程的并行

上一章中，我们学习了如何使用线程实现并发应用。这一章将分析基于进程的方法，这在第 1 章"并行计算和 Python 入门"中做过简要介绍。具体地，这一章的重点是 Python multiprocessing 模块。

Python multiprocessing 模块是 Python 语言标准库的一部分，实现了共享内存编程模式，也就是说，编程所使用的系统包括一个或多个处理器，它们会访问一个共享内存。

这一章中，我们将介绍以下技巧：
- 理解 Python 的 multiprocessing 模块。
- 创建进程。
- 命名进程。
- 在后台运行进程。
- 杀死进程。
- 子类中定义进程。
- 使用队列交换对象。
- 使用管道交换对象。
- 同步进程。
- 管理进程间状态。
- 使用进程池。

3.1 理解 Python 的 multiprocessing 模块

Pythonmultiprocessing 文档的前言（https：//docs. python. org/2. 7/library/multiprocessing. html♯introduction）明确地提到这个包中的所有功能要求子进程能够导入 main 模块（https：//docs. python. org/3. 3/library/multiprocessing. html）。

IDLE 中的子进程不能导入 __ main __ 模块（即使是用 IDLE 运行脚本文件）。为了得到正确的结果，我们的所有例子都从命令行窗口（Command Prompt）执行：

> `python multiprocessing_example.py`

在这里，multiprocessing _ example. py 是脚本名。

3.2 创建进程

创建进程就是从一个父进程创建子进程。父进程可能继续异步地执行，或者可能等待，直到子进程结束。

3.2.1 准备工作

Multiprocessing 库允许通过以下步骤创建进程：

(1) *定义* process 对象。

(2) *调用进程的* start () 方法运行这个进程。

(3) *调用进程的* join () 方法。它会等待，直到这个进程完成任务然后退出。

3.2.2 实现过程

来看以下步骤：

(1) 要创建一个进程，需要用以下命令导入 multiprocessing 模块：

```
import multiprocessing
```

(2) 每个进程与 myFunc (i) 函数关联。这个函数输出从 0 到 i 的数，其中 i 是与进程号关联的 ID：

```
def myFunc(i):
    print ('calling myFunc from process n°: % s' % i)
    for j in range (0,i):
        print('output from myFunc is : % s' % j)
```

(3) 然后，定义 process 对象，myFunc 作为它的 target 函数：

```
if __name__ == '__main__':
    for i in range(6):
        process = multiprocessing. Process(target = myFunc, args = (i,))
```

(4) 最后，在所创建的进程上调用 start 和 join 方法：

```
process. start()
process. join()
```

如果没有 join 方法，子进程不会结束，必须手动杀死。

3.2.3 工作原理

在这一节中，我们已经看到如何从一个父进程创建进程。这个特性称为创建进程或派生进程（*spawning a process*）。

利用 Python 的 multiprocessing 库，可以通过以下 3 个简单步骤很容易地管理进程。第一步是通过 multiprocessing 模块的类 Process 定义进程：

```
process = multiprocessing.Process(target = myFunc, args = (i,))
```

Process 类的参数是要创建的函数 myFunc，以及这个函数本身的参数。

要执行和退出进程必须执行以下两个步骤：

```
process.start()
process.join()
```

为了运行进程并显示结果，下面打开 Command Prompt，最好是在包含示例文件（spawning _ processes. py）的同一个文件夹中，然后键入以下命令：

\> python spawning_processes. py

对于创建的每一个进程（总共有 6 个），这里显示了 target 函数的输出。要记住，这是一个简单的计数器，从 0 一直数到（但不包括）进程 ID 号：

```
calling myFunc from process n°: 0
calling myFunc from process n°: 1
output from myFunc is :0
calling myFunc from process n°: 2
output from myFunc is :0
output from myFunc is :1
calling myFunc from process n°: 3
output from myFunc is :0
output from myFunc is :1
output from myFunc is :2
calling myFunc from process n°: 4
output from myFunc is :0
output from myFunc is :1
output from myFunc is :2
output from myFunc is :3
calling myFunc from process n°: 5
```

output from myFunc is :0

output from myFunc is :1

output from myFunc is :2

output from myFunc is :3

output from myFunc is :4

3.2.4　相关内容

这再一次提醒我们在 main 中实例化 Process 对象的重要性：这是因为，创建的子进程要导入包含 targct 函数的脚本文件。通过在这个块中实例化 Process 对象，可以避免这种实例化的无限递归调用。

还可以使用一种有效的解决方法，在一个不同的脚本（具体为 myFunc. py）中定义 target 函数：

```
def myFunc(i):
    print ('calling myFunc from process n°: % s' % i)
    for j in range (0,i):
        print('output from myFunc is : % s' % j)
    return
```

包含进程实例的 main 程序定义在第二个文件中（spawning ＿ processes ＿ namespace. py）：

```
import multiprocessing
from myFunc import myFunc

if __name__ == '__main__':
    for i in range(6):
        process = multiprocessing. Process(target = myFunc, args = (i,))
        process. start()
        process. join()
```

要运行这个例子，键入以下命令：

> **python spawning_processes_names. py**

输出与前例相同。

3.2.5　参考资料

multiprocessing 库的官方指南可以在 https：//docs. python. org/3/找到。

3.3　命名进程

在前面的例子中，我们了解了进程以及如何向 target 函数传递一个变量。不过，如果能为进程关联一个名字会很有用，因为调试应用时要求进程有明确的标记并且可以识别。

3.3.1　准备工作

在代码中的某一点可能很有必要知道当前正在执行哪一个进程。为此，multiprocessing 库提供了 current_process () 方法，它使用 name 属性来标识当前正在运行的进程。在下面的小节中，我们将了解这个内容。

3.3.2　实现过程

来完成以下步骤：

（1）两个进程的 target 函数都是 myFunc 函数。它通过执行 multiprocessing.current_process ().name 方法来输出进程名：

```python
import multiprocessing
import time

def myFunc():
    name = multiprocessing.current_process().name
    print("Starting process name = %s \n" % name)
    time.sleep(3)
    print("Exiting process name = %s \n" % name)
```

（2）然后，通过指定 name 参数和 process_with_default_name 来创建 process_with_name：

```python
if __name__ == '__main__':
    process_with_name = multiprocessing.Process\
                    (name = 'myFunc process',\
                     target = myFunc)

    process_with_default_name = multiprocessing.Process\
                    (target = myFunc)
```

（3）最后，启动阻塞进程（使用 start 和 join 方法）：

```
process_with_name. start()
process_with_default_name. start()
process_with_name. join()
process_with_default_name. join()
```

3.3.3　工作原理

在 main 程序中，使用相同的 target 函数 myFunc 创建进程。这个函数只打印进程名。要运行这个例子，打开 Command Prompt 并键入以下命令：

```
> python naming_processes. py
```

输出如下：

```
Starting process name = myFunc process
Starting process name = Process - 2

Exiting process name = Process - 2
Exiting process name = myFunc process
```

3.3.4　相关内容

Python 主进程是 multiprocessing. process. _ MainProcess，子进程是 multiprocessing. process. Process。可以键入以下命令来测试：

```
>>> import multiprocessing
>>> multiprocessing. current_process(). name
'MainProcess'
```

3.3.5　参考资料

有关的更多内容参见 https：//doughellmann. com/blog/2012/04/30/determining - the - name - of - a - process - from - python/。

3.4　在后台运行进程

在后台运行进程是一些程序常用的一种执行模式，这些程序不需要用户的出现或干预，而且可能与其他程序的执行是并发的（因此，只可能在多任务系统中出现），这就使得用户并不知道这些程序在运行。后台程序通常完成很大或者很耗时的任务，如对等文件共享程序或文件系统的碎片整理。很多进程也在后台运行。

在 Windows 中，采用这种模式运行的程序（扫描杀毒或操作系统更新）通常在系统托盘（桌面上靠近系统时钟的区域）里放一个图标，指示它们的活动，而且其行为要减少资源使用从而不会对用户的交互活动带来干扰，如避免速度减慢或导致中断。在 UNIX 和 UNIX 类系统中，后台运行的进程称为守护**进程**（**daemon**）。使用任务管理器可以显示所有正在运行的程序，包括在后台运行的程序。

3.4.1　准备工作

通过守护进程选项，multiprocessing 模块允许在后台运行进程。在下面的例子中，定义了两个进程：

- background_process，其 daemon 参数设置为 True。
- NO_background_process，其 daemon 参数设置为 False。

3.4.2　实现过程

在下面的例子中，我们实现了一个 target 函数，名为 foo，如果子进程在后台，它会显示数字 0~4，否则，它会打印数字 5~9：

（1）首先导入相关的库：

```
import multiprocessing
import time
```

（2）然后定义 foo（）函数。前面已经指出，所打印的数字取决于 name 参数的值：

```
def foo():
    name = multiprocessing.current_process().name
    print ("Starting %s \n" % name)
    if name == 'background_process':
        for i in range(0,5):
            print('---> %d \n' % i)
        time.sleep(1)
    else:
        for i in range(5,10):
            print('---> %d \n' % i)
        time.sleep(1)
    print ("Exiting %s \n" % name)
```

（3）最后，定义以下进程：background_process 和 NO_background_process。注意为

这两个进程设置了 daemon 参数：

```
if __name__ == '__main__':
    background_process = multiprocessing.Process\
                        (name = 'background_process',\
                        target = foo)
    background_process.daemon = True

    NO_background_process = multiprocessing.Process\
                        (name = 'NO_background_process',\
                        target = foo)
    NO_background_process.daemon = False
    background_process.start()
    NO_background_process.start()
```

3.4.3 工作原理

注意，只是由进程的 daemon 参数定义进程是否在后台运行。要运行这个例子，键入以下命令：

> **python run_background_processes.py**

很明显，输出只报告了 NO_background_process 输出：

Starting NO_background_process

—> **5**

—> **6**

—> **7**

—> **8**

—> **9**

Exiting NO_background_process

如果将 background_process 的 daemon 参数设置为 False，输出会改变：

```
background_process.daemon = False
```

要运行这个例子，键入以下命令：

C:\>python run_background_processes_no_daemons.py

输出会报告 background_process 和 NO_background_process 进程都在执行：

```
Starting NO_background_process
Starting background_process
——> 5

——> 0
——> 6

——> 1
——> 7

——> 2
——> 8

——> 3
——> 9

——> 4

Exiting NO_background_process
Exiting background_process
```

3.4.4　参考资料

可以在 https：//janakiev.com/til/python - background/找到一个代码段，它展示了 Linux 中如何在后台运行一个 Python 脚本。

3.5　杀死进程

没有完美的软件，即使是在最好的应用中，也可能遇到 bug 而导致应用阻塞，正是因为这个原因，现代操作系统开发了很多方法来终止应用的进程，以释放系统资源，从而允许用户尽可能快地使用那些资源完成其他操作。这一节将展示如何杀死多进程应用中的一个进程。

3.5.1　准备工作

可以使用 terminate 方法立即杀死一个进程。另外，我们可以使用 is _ alive 方法跟踪进程是否还活着。

3.5.2　实现过程

通过以下步骤可以完成这个技巧：

（1）首先导入相关的库：

```
import multiprocessing
import time
```

（2）然后，实现一个简单的 target 函数。在这个例子中，target 函数 foo（）会打印前 10 个数字：

```
def foo():
    print ('starting function')
    for i in range(0,10):
        print('—> % d\n' % i)
        time. sleep(1)
    print ('Finished function')
```

（3）在 main 程序中，我们创建了一个进程，通过 is_alive 方法监视它的生命期，然后，使用 terminate 调用结束进程：

```
if __name__ == '__main__':
    p = multiprocessing. Process(target = foo)
    print ('Process before execution:', p, p. is_alive())
    p. start()
    print ('Process running:', p, p. is_alive())
    p. terminate()
    print ('Process terminated:', p, p. is_alive())
    p. join()
    print ('Process joined:', p, p. is_alive())
```

（4）然后，在进程结束时检查状态码，读取进程的 ExitCode 属性：

```
    print ('Process exit code:', p. exitcode)
```

（5）ExitCode 的可取值如下：
- == 0：没有产生任何错误。
- > 0：进程有一个错误，并退出这个代码。
- < 0：进程由一个 -1 * ExitCode 信号杀死。

3.5.3 工作原理

示例代码包括一个 target 函数 foo（），它的任务是在屏幕上打印前 10 个整数。在 main 程序中，会执行这个进程，然后由 terminate 指令杀死。再对进程调用 join，并确定 ExitCode 。

要运行这个代码，键入以下命令：

> python killing_processes. py

可以得到以下输出：

Process before execution: <Process(Process-1, initial)> False
Process running: <Process(Process-1, started)> True
Process terminated: <Process(Process-1, started)> True
Process joined: <Process(Process-1, stopped[SIGTERM])> False
Process exit code: -15

注意，ExitCode 的输出值等于-15。-15 是一个负值，这说明子进程被一个中断信号终止，这个信号由数字 15 标识。

3.5.4　参考资料

在 Linux 机器上，可以按照以下教程（http://www.cagrimmett.com/til/2016/05/06/killing-rogue-python-processes.html）识别然后杀死 Python 进程。

3.6　子类中定义进程

multiprocessing 模块允许访问进程管理功能。这一节中，我们将学习如何在 multiprocessing. Process 类的一个子类中定义进程。

3.6.1　准备工作

为了实现一个 multiprocessing 定制子类，需要完成以下工作：
- 定义 multiprocessing. Process 类的一个子类，重新定义 run（）方法。
- 覆盖 _ init _（self [，args]）方法来增加额外的参数（如果需要）。
- 覆盖 run（self [，args]）方法来实现启动进程时 Process 要做的工作。

一旦创建了新的 Process 子类，可以创建它的一个实例，然后调用 start 方法启动这个进程。这会进一步调用 run 方法。

3.6.2　实现过程

下面考虑一个非常简单的例子，如下：

（1）首先导入相关的库：

```
import multiprocessing
```

（2）然后，定义子类 MyProcess，只覆盖 run 方法，它会返回进程名：

```
class MyProcess(multiprocessing.Process):

    def run(self):
        print ('called run method by %s' % self.name)
        return
```

（3）在 main 程序中，定义进程子类的 10 个实例：

```
if __name__ == '__main__':
    for i in range(10):
        process = MyProcess()
        process.start()
        process.join()
```

3.6.3　工作原理

每个进程子类由扩展了 Process 类并且覆盖了 run（）方法的一个类表示。这个方法是 Process 的起点：

```
class MyProcess (multiprocessing.Process):
    def run(self):
        print ('called run method in process: %s' % self.name)
        return
```

在 main 程序中，创建 MyProcess（）类型的多个对象。调用 start（）方法时进程开始执行：

```
p = MyProcess()
p.start()
```

join（）命令处理进程的终止。要从 Command Prompt 运行这个脚本，键入以下命令：

> **python process_in_subclass.py**

输出如下所示：

called run method by MyProcess - 1
called run method by MyProcess - 2
called run method by MyProcess - 3
called run method by MyProcess - 4
called run method by MyProcess - 5
called run method by MyProcess - 6

```
called run method by MyProcess - 7
called run method by MyProcess - 8
called run method by MyProcess - 9
called run method by MyProcess - 10
```

3.6.4　相关内容

在面向对象编程中，子类是继承了超类所有属性的一个类，不论继承的是类属性还是方法。子类的另一个名字是派生类（*derived class*）。继承（*Inheritance*）是表示这样一个过程的特定术语，即子类或派生类继承父类或超类的属性。可以认为子类是其超类的一个特别流派，实际上，它可以使用父类的方法和/或属性，还可以通过覆盖（*overriding*）来重新定义父类方法。

3.6.5　参考资料

有关类定义技术的更多信息参见 http：//buildingskills. itmaybeahack. com/book/python －2. 6/html/p03/p03c02 ＿ adv ＿ class. html。

3.7　使用队列交换数据

队列（*queue*）是一个先进先出（**First - In，First - Out，FIFO**）类型的数据结构，也就是第一个输入会第一个退出。队列的实际例子包括获得一项服务、超市付款或者在理发店理发。理想情况下，会按先来后到的顺序提供服务。这正是 FIFO 队列的工作原理。

3.7.1　准备工作

在这一节中，我们将介绍如何对一个*生产者/消费者*问题使用队列，这是经典的进程同步例子。

生产者/消费者问题描述了两个进程：一个是生产者（*producer*），另一个是消费者（*consumer*），它们共享一个固定大小的公共缓冲区。

生产者的任务是生成数据，并连续地放在缓冲区中。与此同时，消费者会使用所生产的数据，不时地从缓冲区删除数据。这里的问题是，要确保缓冲区满时生产者不会生成新数据，另外如果缓冲区为空，消费者不会查找数据。对于生产者，解决方案是如果缓冲区满则暂挂其执行。

一旦消费者从缓冲区取出一个元素，生产者会唤醒，开始再次填充缓冲区。类似地，如果缓冲区为空，消费者会暂挂。一旦生产者将数据下载到缓冲区，消费者会唤醒。

3.7.2　实现过程

这个解决方案可以利用进程间通信策略来实现，即共享内存或消息传递。不正确的解决方案可能导致一个死锁，在这种情况下，两个进程都在等待被唤醒：

```
import multiprocessing
import random
import time
```

来完成以下步骤：

（1）producer 类负责使用 put 方法在队列中输入 10 个元素：

```
class producer(multiprocessing.Process):
    def __init__(self, queue):
        multiprocessing.Process.__init__(self)
        self.queue = queue

    def run(self):
        for i in range(10):
            item = random.randint(0, 256)
            self.queue.put(item)
            print ("Process Producer : item % d appended \
                    to queue % s"\
                    % (item,self.name))
            time.sleep(1)
            print ("The size of queue is % s"\
                    % self.queue.qsize())
```

（2）consumer 类的任务是从队列删除元素（使用 get 方法），并验证队列不为空。如果队列为空，while 循环中的控制流以一个 break 语句终止：

```
class consumer(multiprocessing.Process):
    def __init__(self, queue):
        multiprocessing.Process.__init__(self)
        self.queue = queue

    def run(self):
        while True:
            if (self.queue.empty()):
                print("the queue is empty")
                break
            else :
                time.sleep(2)
```

```
item = self.queue.get()
print ('Process Consumer : item % d popped \
        from by % s \n'\
        % (item, self.name))
time.sleep(1)
```

（3）在 main 程序中实例化 multiprocessing 的 queue 对象：

```
if __name__ == '__main__':
    queue = multiprocessing.Queue()
    process_producer = producer(queue)
    process_consumer = consumer(queue)
    process_producer.start()
    process_consumer.start()
    process_producer.join()
    process_consumer.join()
```

3.7.3　工作原理

在 main 程序中，我们使用 multiprocessing.Queue 对象定义了队列。然后这作为一个参数传递到 producer 和 consumer 进程：

```
queue = multiprocessing.Queue()
process_producer = producer(queue)
process_consumer = consumer(queue)
```

在 producer 类中，queue.put 方法用来向队列追加新元素：

```
self.queue.put(item)
```

在 consumer 类中，使用 queue.get 方法弹出元素：

```
self.queue.get()
```

键入以下命令执行这个代码：

> **python communicating_with_queue.py**

以下输出报告了生产者和消费者之间的交互：

Process Producer : item 79 appended to queue producer – 1

The size of queue is 1

Process Producer : item 50 appended to queue producer – 1

The size of queue is 2

Process Consumer：item 79 popped from by consumer－2

Process Producer：item 33 appended to queue producer－1

The size of queue is 2

Process Producer：item 57 appended to queue producer－1

The size of queue is 3

Process Producer：item 227 appended to queue producer－1

Process Consumer：item 50 popped from by consumer－2

The size of queue is 3

Process Producer：item 98 appended to queue producer－1

The size of queue is 4

Process Producer：item 64 appended to queue producer－1

The size of queue is 5

Process Producer：item 182 appended to queue producer－1

Process Consumer：item 33 popped from by consumer－2

The size of queue is 5

Process Producer：item 206 appended to queue producer－1

The size of queue is 6

Process Producer：item 214 appended to queue producer－1

The size of queue is 7

Process Consumer：item 57 popped from by consumer－2

Process Consumer：item 227 popped from by consumer－2

Process Consumer：item 98 popped from by consumer－2

Process Consumer：item 64 popped from by consumer－2

Process Consumer：item 182 popped from by consumer－2

Process Consumer：item 206 popped from by consumer－2

Process Consumer：item 214 popped from by consumer－2

the queue is empty

3.7.4　相关内容

Queue 有一个 JoinableQueue 子类。这个类提供了以下方法：

• task_done()：这个方法指示一个任务已经完成，例如使用 get() 方法从队列获取元素之后。所以 task_done() 只能由队列消费者使用。

• join()：这个方法会阻塞进程，直到队列中的所有元素都已经得到处理。

3.7.5　参考资料

https：//www.pythoncentral.io/use‐queue‐beginners－guide/上有一个关于如何使用队列的很好的教程。

3.8　使用管道交换对象

管道（*pipe*）完成以下工作：
- 返回由一个管道连接的一对连接对象。
- 每个连接对象分别有发送/接收方法来实现进程间的通信。

3.8.1　准备工作

multiprocessing 库允许使用 multiprocessing.Pipe（duplex）函数实现一个管道数据结构。这会返回一个对象对（conn1，conn2），表示管道的两端。

duplex 参数确定所创建的管道是双向的（也就是说，duplex ＝ True）还是单向的（即 duplex ＝ False）。conn1 只用于接收消息，conn2 只用于发送消息。

下面来看如何使用管道交换对象。

3.8.2　实现过程

这里给出管道的一个简单例子。我们有一个进程管道，它会输出从 0～9 的数，另外还有第二个进程管道得到这些数，计算它们的平方：

（1）首先导入 multiprocessing 库：

```
import multiprocessing
```

（2）pipe 函数返回由一个双向管道连接的一对连接对象。在这个例子中，out_pipe 包含从 0～9 的数，这由 target 函数 create_items 生成：

```
def create_items(pipe):
    output_pipe, _ = pipe
    for item in range(10):
        output_pipe.send(item)
    output_pipe.close()
```

（3）multiply_items 基于两个管道 pipe_1 和 pipe_2：

```
def multiply_items(pipe_1, pipe_2):
```

```
close，input_pipe = pipe_1
close. close()
output_pipe，_ = pipe_2
try：
    while True：
        item = input_pipe. recv()
```

（4）这个函数返回各个管道元素的乘积（即平方）：

```
        output_pipe. send(item * item)
except EOFError：
        output_pipe. close()
```

（5）在 main 程序中定义 pipe_1 和 pipe_2：

```
if _name_ == '_main_'：
```

（6）首先，由从 0～9 的数创建进程 process_pipe_1：

```
pipe_1 = multiprocessing. Pipe(True)
process_pipe_1 = \
            multiprocessing. Process\
            (target = create_items, args = (pipe_1,))
process_pipe_1. start()
```

（7）然后是进程 process_pipe_2，它从 pipe_1 取出数并计算它们的平方：

```
pipe_2 = multiprocessing. Pipe(True)
process_pipe_2 = \
            multiprocessing. Process\
            (target = multiply_items, args = (pipe_1, pipe_2,))
process_pipe_2. start()
```

（8）关闭进程：

```
pipe_1[0]. close()
pipe_2[0]. close()
```

（9）打印结果：

```
try：
    while True：
        print (pipe_2[1]. recv())
```

```
    except EOFError:
        print("End")
```

3.8.3 工作原理

实际上，要用 multiprocessing. Pipe（True）语句创建两个管道 pipe _ 1 和 pipe _ 2：

```
pipe_1 = multiprocessing.Pipe(True)
pipe_2 = multiprocessing.Pipe(True)
```

第一个管道 pipe _ 1 由从 0~9 的一个整数列表创建，第二个管道 pipe _ 2 会处理 pipe _ 1 创建的列表中的各个元素，计算各个元素的平方值：

```
process_pipe_2 = \
                multiprocessing.Process\
                (target = multiply_items, args = (pipe_1, pipe_2,))
```

然后关闭这两个进程：

```
pipe_1[0].close()
pipe_2[0].close()
```

最后打印结果：

```
print(pipe_2[1].recv())
```

键入以下命令执行这个代码：

> **python communicating_with_pipe.py**

下面的结果显示了前 9 个数的平方：

```
0
1
4
9
16
25
36
49
64
81
```

3.8.4　相关内容

如果需要两个以上连接对象通信，则要使用 Queue（）方法。不过，如果强调性能，使用 Pipe（）方法会更快，因为 Queue（）建立在 Pipe（）之上。

3.8.5　参考资料

关于 Python 管道的更多信息参见 https：//www. python－course. eu/pipes. php。

3.9　同步进程

多个进程可以合作来完成一个给定的任务。通常，它们会共享数据。不同进程访问共享数据时不能产生不一致的数据，这一点很重要。因此，通过共享数据合作的进程必须以一种有序的方式工作，使得共享数据是可访问的。进程的同步原语与 threading 库中看到的同步原语非常相似。

同步原语如下：
- **Lock**：这个对象可以是锁定或非锁定状态。**Lock** 对象有两个方法 acquire（）和 release（）来管理对一个共享资源的访问。
- **Event**：这个对象实现进程间的简单通信；一个进程通知一个事件，另一个进程等待这个通知。**Event** 对象有两个方法 set（）和 clear（）来管理它自己的内部标志。
- **Condition**：这个对象用来同步一个工作流（顺序或并行进程中）的各部分。它有两个基本方法：wait（）用来等待一个条件，notify_all（）用来通知所应用的条件。
- **Semaphore**：这用来共享一个公共资源，例如，可以同时支持固定数目的连接。
- **RLock**：这定义了重入锁对象。RLock 的方法和功能与 threading 模块中相同。
- **Barrier**：这个对象将程序划分为阶段，要求所有进程都达到屏障才能继续。屏障之后执行的代码不能与屏障之前执行的代码并发运行。

3.9.1　准备工作

Python 中的*屏障（Barrier）*对象用来等待固定数目的进程执行完成，然后给定的进程才能继续执行。

下面的例子显示了如何用一个 barrier（）对象同步同时执行的任务。

3.9.2　实现过程

下面考虑 4 个进程，其中进程 p1 和进程 p2 由一个屏障语句管理，而进程 p3 和进程 p4

没有同步指令。

为此，完成以下步骤：

（1）导入相关的库：

```python
import multiprocessing
from multiprocessing import Barrier, Lock, Process
from time import time
from datetime import datetime
```

（2）test _ with _ barrier 函数执行屏障的 wait（）方法：

```python
def test_with_barrier(synchronizer, serializer):
    name = multiprocessing.current_process().name
    synchronizer.wait()
    now = time()
```

（3）这两个进程都调用了 wait（）方法时，它们同时执行：

```python
    with serializer:
        print("process %s ——> %s" \
            %(name,datetime.fromtimestamp(now)))
def test_without_barrier():
    name = multiprocessing.current_process().name
    now = time()
    print("process %s ——> %s" \
        %(name ,datetime.fromtimestamp(now)))
```

（4）在 main 程序中，我们创建了 4 个进程。不过，还需要一个屏障和锁原语。Barrier 语句中的参数 2 表示要管理的进程总数：

```python
if __name__ == '__main__':
    synchronizer = Barrier(2)
    serializer = Lock()
    Process(name = 'p1 - test_with_barrier'\
            ,target = test_with_barrier,\
            args = (synchronizer,serializer)).start()
    Process(name = 'p2 - test_with_barrier'\
            ,target = test_with_barrier,\
            args = (synchronizer,serializer)).start()
    Process(name = 'p3 - test_without_barrier'\
```

```
                  ,target = test_without_barrier).start()
      Process(name = 'p4 - test_without_barrier'\
                  ,target = test_without_barrier).start()
```

3.9.3 工作原理

Barrier 对象提供了一个 Python 同步技术，采用这个技术，一个或多个进程会等待，直到达到某一点，然后一起继续前进。

在 main 程序中，Barrier 对象（也就是 synchronizer）通过以下语句定义：

```
synchronizer = Barrier(2)
```

注意小括号里的数字 2，这表示这个屏障等待的进程数。

然后，实现一组 4 个进程，不过只有 p1 和 p2 进程创建时传入了 synchronizer 作为参数：

```
Process(name = 'p1 - test_with_barrier'\
            ,target = test_with_barrier,\
            args = (synchronizer,serializer)).start()
Process(name = 'p2 - test_with_barrier'\
            ,target = test_with_barrier,\
            args = (synchronizer,serializer)).start()
```

实际上，在 test _ with _ barrier 函数体中，使用了屏障的 wait（）方法来同步进程：

```
synchronizer.wait()
```

通过运行这个脚本，可以看到 p1 和 p2 进程不出所料地打印了相同的时间戳：

```
> python processes_barrier.py
process p4 - test_without_barrier ——> 2019 - 03 - 03 08:58:06.159882
process p3 - test_without_barrier ——> 2019 - 03 - 03 08:58:06.144257
process p1 - test_with_barrier ——> 2019 - 03 - 03 08:58:06.175505
process p2 - test_with_barrier ——> 2019 - 03 - 03 08:58:06.175505
```

3.9.4 相关内容

图 3-1 显示了屏障如何管理这两个进程：

3.9.5 参考资料

请阅读 https：//pymotw.com/2/multiprocessing/communication.html 来了解进程同步

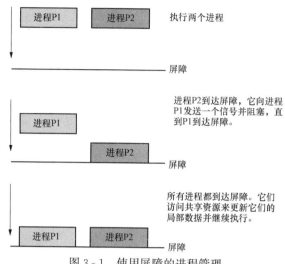

图 3-1　使用屏障的进程管理

的更多例子。

3.10　使用进程池

利用进程池机制，在多个输入值上执行的一个函数可以并行化，将输入数据分布到多个进程。因此，进程池允许实现所谓的**数据并行性（data parallelism）**，其基础是数据分布在不同的进程中，这些进程并行地处理数据。

3.10.1　准备工作

multiprocessing 库提供了 Pool 类来完成简单的并行处理任务。

Pool 类有以下方法：

- apply（）：这会阻塞，直到结果就绪。
- apply_async（）：这是 apply（）（https：//docs. python. org/ 2/library/ functions. html♯apply）方法的一个变形，它会返回一个结果对象。这是一个异步操作，不会阻塞主进程（即主进程不会等待所有子进程执行）。
- map（）：这是内置 map（）（https：//docs. python. org/ 2/ library/ functions. html♯map）函数的并行版本。这个方法会阻塞，直到结果就绪，它将可迭代处理的数据划分为多个块，作为单独的任务提交到进程池。
- map_async（）：这是 map（）（https：//docs. python. org/ 2/library/ multipro-cessing. html? highlight = pool% 20class♯ multiprocessing. pool. multiprocessing. Pool.

map）方法的一个变形，会返回一个结果对象。如果指定了回调，应当可以调用这个回调，这要接受一个参数。结果就绪时，会应用一个回调（除非调用失败）。回调应当立即完成；否则处理结果的进程会阻塞。

3. 10. 2　实现过程

这个例子显示了如何实现一个进程池来完成一个并行应用。我们创建了包含 4 个进程的一个进程池，然后使用进程池的 map 方法执行一个简单函数：

（1）导入 multiprocessing 库：

```
import multiprocessing
```

（2）Pool. map 方法对输入元素应用 function _ square 来完成一个简单的计算：

```
def function_square(data)：
    result = data * data
    return result

if _name_ == '_main_':
```

（3）输入参数是从 0～100 的一个整数列表：

```
inputs = list(range(0,100))
```

（4）并行进程总数为 4：

```
pool = multiprocessing. Pool(processes = 4)
```

（5）pool. map 方法作为单独的任务提交到进程池：

```
pool_outputs = pool. map(function_square, inputs)
pool. close()
pool. join()
```

（6）计算结果存储在 pool _ outputs 中：

```
print ('Pool :', pool_outputs)
```

要说明重要的一点，pool. map（）方法的结果等价于 Python 的内置 map（）函数，只不过这里进程是并行运行的。

3. 10. 3　工作原理

在这里，我们使用以下语句创建了一个包含 4 个进程的进程池：

```
pool = multiprocessing.Pool(processes = 4)
```

每个进程有一个整数列表作为输入。在这里 pool.map 的做法与 map 相同，不过使用了多个进程，进程数为 4，这是在创建进程池时定义的：

```
pool_outputs = pool.map(function_square, inputs)
```

要终止进程池的计算，可以使用通常的 close 和 join 函数：

```
pool.close()
pool.join()
```

要执行这个代码，键入以下命令：

> python process_pool.py

以下是完成计算后我们得到的结果：

Pool：[0, 1, 4, 9, 16, 25, 36, 49, 64, 81, 100, 121, 144, 169, 196, 225,
256, 289, 324, 361, 400, 441, 484, 529, 576, 625, 676, 729, 784, 841, 900,
961, 1024, 1089, 1156, 1225, 1296, 1369, 1444, 1521, 1600, 1681, 1764,
1849, 1936, 2025, 2116, 2209, 2304, 2401, 2500, 2601, 2704, 2809, 2916,
3025, 3136, 3249, 3364, 3481, 3600, 3721, 3844, 3969, 4096, 4225, 4356,
4489, 4624, 4761, 4900, 5041, 5184, 5329, 5476, 5625, 5776, 5929, 6084,
6241, 6400, 6561, 6724, 6889, 7056, 7225, 7396, 7569, 7744, 7921, 8100,
8281, 8464, 8649, 8836, 9025, 9216, 9409, 9604, 9801]

3.10.4 相关内容

在前面的例子中，我们看到 Pool 也提供了 map 方法，它允许我们对一组不同的数据应用一个函数。具体地，这种场景（即并行地在输入元素上应用相同的操作）称为数据并行性（*data parallelism*）。

在下面的例子中，我们使用了 Pool 和 map，这里创建了包含 5 个工作进程的 pool，另外通过 map 方法，对一个包含 10 个元素的列表应用函数 f：

```
from multiprocessing import Pool

def f(x):
    return x + 10

if __name__ == '__main__':
    p = Pool(processes = 5)
```

```
print(p. map(f, [1, 2, 3,5,6,7,8,9,10]))
```

输出如下：

11 12 13 14 15 16 17 18 19 20

3.10.5 参考资料

要了解关于进程池的更多信息，可以使用以下链接：https：//www. tutorialspoint. com/ concurrency _ in _ python/concurrency _ in _ python _ pool _ of _ processes. htm。

第4章 消 息 传 递

这一章将简要介绍**消息传递接口**（**Message Passing Interface，MPI**），这是一个实现消息交换的规范。MPI 的主要目的是建立一个高效、灵活和可移植的标准来完成消息交换通信。

我们主要介绍包含同步和异步通信原语的库中的函数，如（发送/接收）和（广播/all-to-all），合并计算部分结果的操作（收集/归约），以及最后的进程间同步原语（屏障）。

另外，我们将通过定义拓扑来介绍通信网络的控制函数。

这一章中，我们将介绍以下技巧：

- 使用 mpi4py Python 模块。
- 实现点对点通信。
- 避免死锁问题。
- 使用广播的聚合通信。
- 使用 scatter 函数的聚合通信。
- 使用 gather 函数的聚合通信。
- 使用 Alltoall 函数的聚合通信。
- 归约操作。
- 优化通信。

4.1 技术需求

学习这一章需要 mpich 和 mpi4py 库。

mpich 库是 MPI 的一个可移植的实现。这是一个自由软件，可以在不同版本的 UNIX（包括 Linux 和 macOS）和 Microsoft Windows 上使用。

要安装 mpich，可以使用从下载页面（http：//www.mpich.org/static/downloads/1.4.1p1/）下载的安装工具。另外，要为你的机器正确地选择 32 位或 64 位版本。

mpi4pyPython 模块为 MPI 标准（https：//www.mpiforum.org）提供了 Python 绑定库。这是在 MPI-1/2/3 规范上实现的，提供了一个基于标准 MPI-2 C++绑定库的 API。

在 Windows 机器上安装 mpi4py 的过程如下：

```
C:>pip install mpi4py
```

Anaconda 用户必须键入以下命令：

```
C:>conda install mpi4py
```

注意，对于这一章中的所有例子，我们都使用利用 pip 安装的 mpi4py。这说明，运行 mpi4py 示例所用的命令形式如下：

```
C:>mpiexec - n x python mpi4py_script_name.py
```

mpiexec 命令是启动并行任务的典型方法：x 是要使用的进程总数，mpi4py _ script _ name. py 则是要执行的脚本名。

4.2 理解 MPI 结构

MPI 标准为管理进程间的虚拟拓扑、同步和通信定义了原语。有多个 MPI 实现，它们版本不同，支持的标准特性也有所不同。

我们将通过 Python mpi4py 库介绍 MPI 标准。

20 世纪 90 年代以前，为不同体系结构编写并行应用比现在要困难得多。很多库促进了这个过程，但是没有一种标准的方法。那时，大多数并行应用都面向科学研究环境。

不同的库最常采用的模型是消息传递模型，采用这种模型时，进程间的通信通过交换消息来完成，而不使用共享资源。例如，主进程可以向从进程分配一个任务，只需要发送一个消息描述所要完成的工作。在这方面，第二个（非常简单的）例子是完成归并排序的并行应用。数据由各个进程在本地排序，结果传递到另一个进程，由它处理归并。

由于这些库大部分都使用相同的模型（尽管相互之间有一些细微差别），不同库的作者于 1992 年聚在一起共同为消息交换定义了一个标准接口，MPI 由此而生。这个接口允许程序员在大多数并行体系结构上编写可移植的并行应用，可以使用他们已经习惯的同样的特性和模型。

最初，MPI 是为分布式内存体系结构设计的（见图 4 - 1），这个体系结构在 20 年前开始流行起来。

后来，分布式内存系统开始相互结合，产生了采用分布式/共享内存的混合系统（见图 4 - 2）。

如今，MPI 可以在分布式内存、共享内存以及混合系统上运行。不过，编程模型仍是分布式内存模型，尽管完成计算的实际体系结构可能不同。

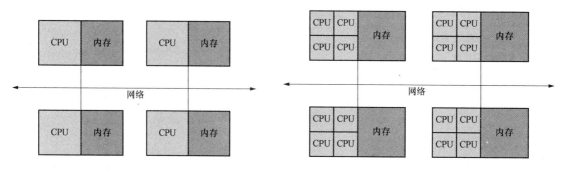

图 4-1   分布式内存体系结构模式   图 4-2   混合系统体系结构模式

MPI 的优点可以总结如下：

- **标准化（Standardization）**：所有高性能计算（**High - Performance Computing，HPC**）平台都支持。
- **可移植性（Portability）**：对源代码的修改尽可能少，如果你决定在一个也支持相同标准的不同平台上使用这个应用，这会很有用。
- **性能（Performance）**：制造商可以创建为特定类型硬件优化的实现，并得到更好的性能。
- **功能（Functionality）**：MPI - 3 中定义了 440 个例程，不过即使只用不到 10 个例程也能编写很多并行程序。

在以下小节中，我们将分析用于消息传递的主要 Python 库：mpi4py 库。

4.3   使用 mpi4py Python 模块

Python 编程语言提供了多个 MPI 模块来编写并行程序。其中最有意思的是 mpi4py 库。它建立在 MPI－1/2 规范之上，提供了一个面向对象接口，非常类似 MPI－2 C＋＋绑定库。C MPI 用户不需要学习一个新接口就可以使用这个模块。因此，作为 MPI 库的一个似乎完备的 Python 包，这个模块得到了广泛使用。

这一章中介绍的这个模块的主要应用如下：

- 点对点通信。
- 聚合通信。
- 拓扑。

4.3.1   实现过程

下面开始我们的 MPI 库之旅，先来分析一个经典的程序代码，这会在实例化的各个进程上打印 Hello，world！：

（1）导入 mpi4py 库：

```
from mpi4py import MPI
```

 在 MPI 中，执行一个并行程序涉及的进程由一个非负整数序列标识，这些整数称为序号（**rank**）。

（2）如果运行一个程序的进程有 p 个，这些进程的序号则为 $0 \sim p-1$。具体地，要访问每个进程的序号，必须使用 COMM_WORLD MPI 函数。这个函数称为一个通信器（**communicator**），它定义了一组可以相互通信的进程：

```
comm = MPI.COMM_WORLD
```

（3）最后，以下 Get_rank（）函数返回调用它的进程的序号（rank）：

```
rank = comm.Get_rank()
```

（4）一旦得到序号，则打印这个序号：

```
print ("hello world from process", rank)
```

4.3.2　工作原理

根据 MPI 执行模型，我们的应用包括 N 个（这个例子中为 5 个）自治的进程，每个进程有自己的局部内存，能够通过交换消息完成数据通信。

通信器定义了一组进程，它们可以相互通信。这里使用的 MPI_COMM_WORLD 是默认通信器，包括所有进程。

进程基于序号来标识。对于进程所属的各个通信器，会为每个进程指定一个序号。序号是一个整数，从 0 开始，可以在一个特定通信器上下文中标识各个进程。通常的做法是定义全局序号为 0 的一个进程作为主进程。通过序号，开发人员可以指定哪个是发送者进程，而哪些是接收者进程。

需要指出，我们使用 stdout 输出只是为了便于说明，不过 stdout 输出并不总是有序的，因为多个进程可能会同时写至屏幕，而操作系统会任意地选择顺序。所以，我们要准备做一个基本观察：MPI 执行涉及的每一个进程会运行相同的编译二进制文件，所以每个进程会接收相同的执行指令。

要执行代码，可以键入以下命令：

C:>mpiexec -n 5 python helloworld_MPI.py

这是执行这个代码后得到的结果（注意，进程的顺序不是有序的）：

```
hello world from process 1
hello world from process 0
hello world from process 2
hello world from process 3
hello world from process 4
```

 需要指出，使用的进程数严格依赖于运行程序的那个机器的特性（性能）。

4.3.3　相关内容

MPI 属于单程序多数据（**Single Program Multiple Data**，**SPMD**）编程技术。采用 SPMD 编程技术时，所有进程都执行相同的程序，但每个进程处理不同的数据。不同进程在执行上有所区别，这是通过基于进程的局部序号区分程序流实现的。

作为一种编程技术，SPMD 是指一个程序由多个进程同时执行，不过每个进程可以处理不同的数据。同时，进程可以执行相同的指令，也可以执行不同的指令。显然程序会包含适当的指令，从而可以只执行代码中的某些部分和/或处理数据的一个子集。这可以使用不同的编程模型来实现，而且所有可执行程序可以同时启动。

4.3.4　参考资料

mpi4py 库的完整参考可以参见 https：//mpi4py. readthedocs. io/en/stable/ 。

4.4　实现点对点通信

点对点操作包括两个进程之间的消息交换。在一个完美的世界里，每个发送操作可以与各个接收操作完美地同步。显然，实际并不是这样，MPI 实现必须能够在发送者和接收者进程不同步时保存数据。一般地，这会使用一个缓冲区来实现，这对开发人员是透明的，完全由 mpi4py 库管理。

mpi4pyPython 模块通过两个函数支持点对点通信：

• Comm. Send（data，process_destination）：这个函数向通信器组中由其序号标识的目标进程发送数据。

• Comm. Recv（process_source）：这个函数从源进程接收数据，这个进程也由通信器组中的序号标识。

Comm 参数是 *communicator*（通信器）的简写，使用 comm = MPI. COMM_WORLD 定义了可以通过消息传递进行通信的进程组。

4.4.1 实现过程

在下面的例子中，我们会利用 comm. send 和 comm. recv 指令在不同进程之间交换消息：

（1）导入相关的 mpi4py 库：

```
from mpi4py import MPI
```

（2）然后，通过 MPI. COMM＿WORLD 语句定义通信器参数（comm）：

```
comm = MPI.COMM_WORLD
```

（3）使用 rank 参数标识进程本身：

```
rank = comm.rank
```

（4）打印进程的序号会很有用：

```
print("my rank is：", rank)
```

（5）然后，开始考虑进程的序号。在这里，我们要对 rank 等于 0 的进程设置目标进程 destination＿process 和要发送的数据 data（这里 data ＝10000000）：

```
if rank == 0：
    data = 10000000
    destination_process = 4
```

（6）然后，通过使用 comm. send 语句，之前设置的数据会发送给目标进程：

```
comm. send(data, dest = destination_process)
print ("sending data % s " % data + \
        "to process % d" % destination_process)
```

（7）对于 rank 等于 1 的进程，destination＿process 值为 8，发送的数据是字符串 "hello"：

```
if rank == 1：
    destination_process = 8
    data = "hello"
    comm. send(data, dest = destination_process)
    print ("sending data % s：" % data + \
            "to process % d" % destination_process)
```

（8）rank 等于 4 的进程是一个接收者进程。实际上，会在 comm. recv 语句中设置源进程（也就是 rank 等于 0 的进程）作为一个参数：

```
if rank == 4：
    data = comm.recv(source = 0)
```

（9）现在使用以下代码，显示从源进程（rank 等于 0 的进程）接收的数据：

```
print ("data received is = %s" % data)
```

（10）最后要设置的进程序号为 8。在这里，我们定义 rank 等于 1 的源进程作为 comm.recv 语句中的参数：

```
if rank == 8：
    data1 = comm.recv(source = 1)
```

（11）然后打印 data1 值：

```
print ("data1 received is = %s" % data1)
```

4.4.2　工作原理

我们运行了一个总共有 9 个进程的例子。所以，在 comm 通信器组中，有 9 个任务可以相互通信：

```
comm = MPI.COMM_WORLD
```

另外，为了标识组中的一个任务或进程，我们会使用它们的 rank 值：

```
rank = comm.rank
```

这里有 2 个发送者进程和 2 个接收者进程。rank 等于 0 的进程向接收者进程（rank 等于 4）发送数值数据：

```
if rank == 0：
    data = 10000000
    destination_process = 4
    comm.send(data,dest = destination_process)
```

类似的，必须指定接收者进程 rank 等于 4。还要指出，comm.recv 语句必须包含发送者进程的序号作为参数：

```
if rank == 4：
    data = comm.recv(source = 0)
```

对于其他发送者和接收者进程（分别是 rank 等于 1 的进程和 rank 等于 8 的进程），情况是一样的，唯一的区别是数据的类型。

在这里，对于发送者进程，我们要发送一个字符串：

```
if rank == 1:
    destination_process = 8
    data = "hello"
    comm.send(data,dest = destination_process)
```

对于接收者进程（rank 等于 8），要指出发送者进程的序号：

```
if rank == 8:
    data1 = comm.recv(source = 1)
```

图 4-3 总结了 mpi4py 中的点对点通信协议。

可以看到，这描述了一个两步过程，包括从一个任务（发送者）发送一些数据，以及另一个任务（接收者）接收这个数据。发送任务必须指定要发送的数据和它的目标（接收者进程），而接收任务必须指定从哪个来源接收消息。

运行这个脚本时，我们要使用 9 个进程：

C:>mpiexec - n 9 python pointToPointCommunication.py

以下是运行这个脚本之后得到的输出：

my rank is：7
my rank is：5
my rank is：2
my rank is：6
my rank is：3
my rank is：1
sending data hello：to process 8
my rank is：0
sending data 10000000 to process 4
my rank is：4
data received is = 10000000
my rank is：8
data1 received is = hello

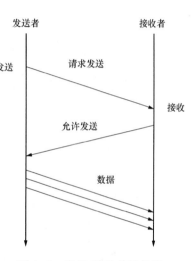

图 4-3　发送/接收传输协议

4.4.3　相关内容

comm.send（）和 comm.recv（）函数是阻塞函数，这说明，它们会阻塞调用者，直到所涉及的缓冲数据可以安全地使用。另外在 MPI 中，还有两种发送和接收消息的管理方法：

- **缓冲模式（Buffered mode）**：一旦要发送的数据复制到一个缓冲区，控制流就返回到程序。这并不表示消息确实发送或接收。
- **同步模式（Synchronous mode）**：只有当相应的 receive 函数开始接收消息时，send 函数才终止。

4.4.4　参考资料

关于这个主题有一个很有意思的教程，参见 https：//github. com/antolonappan/MPI _ tutorial。

4.5　避免死锁问题

我们面对的一个常见问题是死锁。这种情况下，两个（或多个）进程相互阻塞，等待对方完成某个动作来满足另一个进程，反之亦然。mpi4py 模块并没有提供任何特定的功能来解决这种死锁问题，不过，开发人员必须采用一些措施避免死锁问题。

4.5.1　实现过程

首先来分析以下 Python 代码，这会引入一个典型的死锁问题。我们有两个进程（rank 等于 1 和 rank 等于 5），它们相互通信，都有数据发送者和数据接收者功能：

（1）导入 mpi4py 库：

```
from mpi4py import MPI
```

（2）定义通信器 comm 以及 rank 参数：

```
comm = MPI.COMM_WORLD
rank = comm.rank
print("my rank is % i" % (rank))
```

（3）rank 等于 1 的进程向 rank 等于 5 的进程发送数据，并从后者接收数据：

```
if rank == 1:
    data_send = "a"
    destination_process = 5
    source_process = 5
    data_received = comm. recv(source = source_process)
    comm. send(data_send,dest = destination_process)
```

```
print ("sending data % s " % data_send + \
        "to process % d" % destination_process)
print ("data received is =  % s" % data_received)
```

（4）采用同样的方法，这里定义 rank 等于 5 的进程：

```
if rank == 5：
    data_send = "b"
```

（5）它的目标和发送者进程等于 1：

```
destination_process = 1
source_process = 1
comm. send(data_send, dest = destination_process)
data_received = comm. recv(source = source_process)
print ("sending data % s ：" % data_send + \
        "to process % d" % destination_process)
print ("data received is =  % s" % data_received)
```

4.5.2　工作原理

如果想运行这个程序（执行时可以只使用两个进程），我们会看到，两个进程都无法继续执行：

`C:\>mpiexec - n 9 python deadLockProblems. py`

my rank is：8

my rank is：6

my rank is：7

my rank is：2

my rank is：4

my rank is：3

my rank is：0

my rank is：1

sending data a to process 5

data received is = b

my rank is：5

sending data b ：to process 1

data received is = a

两个进程准备从对方接收一个消息，然后就卡在那里。之所以发生这种情况，这是因为

comm. recv（）MPI 函数和 comm. send（）MPI 函数会阻塞。这说明，调用进程会等待它们完成。对于 comm. send（）MPI，数据已经发送时才会完成，那时可以重写数据而不用修改消息。

另外，只有当已经接收到数据并且可以使用时，comm. recv（）MPI 才完成。为了解决这个问题，第一个想法是把 comm. recv（）MPI 和 comm. send（）MPI 换个顺序，如下所示：

```
if rank == 1：
    data_send = "a"
    destination_process = 5
    source_process = 5
    comm. send(data_send, dest = destination_process)
    data_received = comm. recv(source = source_process)

    print ("sending data % s " % data_send + \
            "to process % d" % destination_process)
    print ("data received is = % s" % data_received)
if rank == 5：
    data_send = "b"
    destination_process = 1
    source_process = 1
    data_received = comm. recv(source = source_process)
    comm. send(data_send, dest = destination_process)

    print ("sending data % s ：" % data_send + \
            "to process % d" % destination_process)
    print ("data received is = % s" % data_received)
```

这种解决方案即使是正确的，也不能保证避免死锁。实际上，通信是利用 comm. send（）指令通过一个缓冲区完成的。

MPI 会复制要发送的数据。这种模式可以正确工作而没有问题，不过前提是缓冲区能存放所有这些数据。如果不是这样，就会出现死锁：发送者无法完成数据的发送，因为缓冲区忙，而接收者不能接收数据，因为它被 comm. send（）MPI 调用阻塞，那个调用还没有完成。

这里要使用避免死锁的解决方案：交换发送和接收函数，使它们不对称：

```
if rank == 1：
    data_send = "a"
    destination_process = 5
    source_process = 5
```

```
    comm.send(data_send,dest = destination_process)
    data_received = comm.recv(source = source_process)
if rank == 5：
    data_send = "b"
    destination_process = 1
    source_process = 1
    comm.send(data_send,dest = destination_process)
    data_received = comm.recv(source = source_process)
```

最后，我们得到了正确的输出：

`C:\>mpiexec - n 9 python deadLockProblems.py`

my rank is : 4
my rank is : 0
my rank is : 3
my rank is : 8
my rank is : 6
my rank is : 7
my rank is : 2
my rank is : 1
sending data a to process 5
data received is = b
my rank is : 5
sending data b :to process 1
data received is = a

4.5.3　相关内容

这里提出的死锁解决方案不是唯一的方案。

例如，有一个函数可以将发送和接收统一为一个调用，可以将消息发送到一个给定进程，同时可以接收来自另一个进程的另一个消息。这个函数名为 Sendrecv：

```
Sendrecv(self, sendbuf, int dest = 0, int sendtag = 0, recvbuf = None, int
source = 0, int recvtag = 0, Status status = None)
```

可以看到，这个函数的必要参数与 comm.send（）和 comm.recv（）MPI 中相同（这种情况下，这个函数也是阻塞的）。不过，Sendrecv 有一个好处，它会让通信子系统负责检查发送和接收之间的依赖性，从而避免死锁。

采用这种方式，之前例子的代码可以修改如下：

```
if rank == 1：
    data_send = "a"
    destination_process = 5
    source_process = 5
    data_received = comm.sendrecv(data_send,dest = \
                                   destination_process,\
                                   source = source_process)
if rank == 5：
    data_send = "b"
    destination_process = 1
    source_process = 1
    data_received = comm.sendrecv(data_send,dest = \
                                   destination_process,\
                                   source = source_process)
```

4.5.4　参考资料

由于死锁管理，并行编程会很困难，有关的一个有趣的分析参见 https：//codewith-outrules.com/2017/08/16/concurrency - python/。

.

4.6　使用广播的聚合通信

开发并行代码时，我们通常会发现可能处于这样一种情况：运行时必须在多个进程之间共享某个变量的值，或者要对各个进程提供的变量完成某些操作（可能有不同的值）。

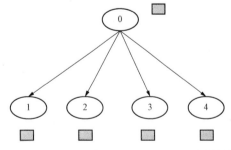

为了解决这种情况，可以使用通信树（例如，进程 0 向进程 1 和 2 发送数据，进程 1 和 2 再分别负责把数据发送到进程 3、4、5、6，依此类推），如图 4-4 所示。

实际上，MPI 库为此提供了一些函数，它们对于交换信息或使用多个进程非常理想，显然这些函数针对完成这些操作的机器得到了优化。

图 4-4　从进程 0 向进程 1、2、3 和 4 广播数据

如果涉及的所有进程都属于一个通信器，这种通信方法称为聚合通信（collective communication）。因此，聚合通信一般涉及两个以上进程。不过，我们将把这种聚合通信称为广播，其中一个进程向所有其他进程发送同样的数据。

4.6.1　准备工作

mpi4py 广播功能由以下方法提供：

```
buf = comm.bcast(data_to_share, rank_of_root_process)
```

这个函数将根进程消息中包含的信息发送到属于 comm 通信器的每一个其他进程。

4.6.2　实现过程

下面来看一个例子，其中使用了这个 bcast 函数。我们有一个根进程（rank 等于 0），它会与通信器组中定义的其他进程共享它自己的数据 variable _ to _ share：

（1）下面导入 mpi4py 库：

```
from mpi4py import MPI
```

（2）现在定义通信器和 rank 参数：

```
comm = MPI.COMM_WORLD
rank = comm.Get_rank()
```

（3）对于 rank 等于 0 的进程，定义与其他进程共享的变量：

```
if rank == 0:
    variable_to_share = 100
else:
    variable_to_share = None
```

（4）最后，定义一个广播，让 rank 等于 0 的进程作为 root：

```
variable_to_share = comm.bcast(variable_to_share, root = 0)
print("process = %d" % rank + " variable shared = %d " \
                        % variable_to_share)
```

4.6.3　工作原理

对于 rank 等于 0 的根进程，实例化一个变量 variable _ to _ share（等于 100）。这个变量将与通信器组的其他进程共享：

```
if rank == 0:
  variable_to_share = 100
```

为此，还要引入广播通信语句：

```
variable_to_share = comm.bcast(variable_to_share, root = 0)
```

在这里，函数中的参数如下：

- 要共享的数据（variable_to_share）。
- 根进程，也就是序号等于 0 的进程（root＝0）。

运行这个程序，我们有一个包含 10 个进程的通信器组，要与组中的其他进程共享 variable_to_share。最后，print 语句会显示正在运行的进程的序号及其变量的值：

```
print("process = %d" % rank + " variable shared = %d " \
                % variable_to_share)
```

设置 10 个进程后，得到的输出如下：

```
C:\>mpiexec - n 10 python broadcast.py
process = 0
variable shared = 100
process = 8
variable shared = 100
process = 2 variable
shared = 100
process = 3
variable shared = 100
process = 4
variable shared = 100
process = 5
variable shared = 100
process = 9
variable shared = 100
process = 6
variable shared = 100
process = 1
variable shared = 100
process = 7
variable shared = 100
```

4.6.4　相关内容

聚合通信允许一个组中的多个进程之间同时传输数据。mpi4py 库提供了聚合通信，不过只有阻塞版本（也就是说，会阻塞调用者方法，直到所涉及的缓冲数据可以安全地使用）。

最常用的聚合通信操作如下：
- 组中进程之间的屏障同步。
- 通信函数：
- 从一个进程向组中所有进程广播数据。
- 从所有进程向一个进程收集数据。
- 从一个进程向所有进程分发数据。
- 归约操作。

4.6.5　参考资料

参考这个链接（https：//nyu‐cds.github.io/python‐mpi/），可以找到对 Python 和 MPI 的一个全面介绍。

4.7　使用 scatter 函数的聚合通信

分发功能与广播非常类似，不过有一个主要区别：comm. bcast 向所有监听进程发送相同的数据，而 comm. scatter 可以将一个数组中的数据块发送到不同的进程。

图 4‐5 描述了这个分发功能。

comm. scatter 函数根据进程的序号将数组元素分发到多个进程，其中第一个元素发送到进程 0，第二个元素发送到进程 1，依此类推。mpi4py 中实现的函数如下：

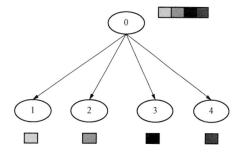

图 4‐5　从进程 0 向进程 1、2、3 和 4 分发数据

```
recvbuf = comm.scatter(sendbuf, rank_of_root_process)
```

4.7.1　实现过程

在下面的例子中，我们会看到如何使用 scatter 功能将数据分布到不同的进程：

（1）导入 mpi4py 库：

```
from mpi4py import MPI
```

（2）接下来，还是用通常的方式定义 comm 和 rank 参数：

```
comm = MPI.COMM_WORLD
rank = comm.Get_rank()
```

（3）对于 rank 等于 0 的进程，将分发以下数组：

```
if rank == 0:
    array_to_share = [1, 2, 3, 4 ,5 ,6 ,7, 8 ,9 ,10]
else:
    array_to_share = None
```

（4）然后，设置 recvbuf。root 进程是 rank 等于 0 的进程：

```
recvbuf = comm.scatter(array_to_share, root = 0)
print("process = % d" % rank + " recvbuf = %d " % recvbuf)
```

4.7.2　工作原理

rank 等于 0 的进程将 array _ to _ share 数据结构分布到其他进程：

```
array_to_share = [1, 2, 3, 4 ,5 ,6 ,7, 8 ,9 ,10]
```

recvbuf 参数指示通过 comm. scatter 语句发送给进程的第 i 个变量的值：

```
recvbuf = comm.scatter(array_to_share, root = 0)
```

输出如下：

```
C:\>mpiexec - n 10 python scatter.py
process = 0 variable shared = 1
process = 4 variable shared = 5
process = 6 variable shared = 7
process = 2 variable shared = 3
process = 5 variable shared = 6
process = 3 variable shared = 4
process = 7 variable shared = 8
process = 1 variable shared = 2
process = 8 variable shared = 9
process = 9 variable shared = 10
```

还要指出 comm. scatter 的一个限制，可以根据执行语句中指定的进程数分发同样数量的元素。实际上，如果你想分发的元素个数超过了指定的进程数（这个例子中为 3），就会得到类似下面的一个错误：

```
C:\> mpiexec - n 3 python scatter.py
Traceback (most recent call last):
  File "scatter.py", line 13, in <module>
    recvbuf = comm.scatter(array_to_share, root = 0)
  File "Comm.pyx", line 874, in mpi4py.MPI.Comm.scatter
  (c:\users\utente\appdata\local\temp\pip - build - h14iaj\mpi4py\
  src\mpi4py.MPI.c:73400)
  File "pickled.pxi", line 658, in mpi4py.MPI.PyMPI_scatter
  (c:\users\utente\appdata\local\temp\pip - build - h14iaj\mpi4py\src\
  mpi4py.MPI.c:34035)
  File "pickled.pxi", line 129, in mpi4py.MPI._p_Pickle.dumpv
  (c:\users\utente\appdata\local\temp\pip - build - h14iaj\mpi4py
  \src\mpi4py.MPI.c:28325)
ValueError: expecting 3 items, got 10
mpiexec aborting job...

job aborted:
rank: node: exit code[: error message]
0: Utente - PC: 123: mpiexec aborting job
1: Utente - PC: 123
2: Utente - PC: 123
```

4.7.3　相关内容

mpi4py 库还提供了另外两个函数可以用来分发数据：

• comm.scatter（sendbuf，recvbuf，root＝0）：这个函数从一个进程向一个通信器中的所有其他进程发送数据。

• comm.scatterv（sendbuf，recvbuf，root＝0）：这个函数从一个进程向一个给定组中的所有其他进程分发数据，发送方可以提供不同数量和不同偏移的数据。

sendbuf 和 recvbuf 参数必须指定为一个列表（类似于 comm.send 点到点发送函数）：

```
buf = [data, data_size, data_type]
```

这里，data 必须是大小为 data_size 而且类型为 data_type 的一个类缓冲区对象。

4.7.4　参考资料

https：//pythonprogramming. net/mpi - broadcast - tutorial - mpi4py/提供了关于 MPI 广播的一个有意思的教程。

4.8　使用 gather 函数的聚合通信

gather 函数完成的工作与 scatter 函数正好相反。在这种情况下，所有进程都向一个根进程发送数据，由它收集接收的数据。

4.8.1　准备工作

mpi4py 中实现的 gather 函数如下：

recvbuf = comm. gather(sendbuf, rank_of_root_process)

在这里，sendbuf 是要发送的数据，rank _ of _ root _ process 表示所有数据的接收者进程，如图 4 - 6 所示。

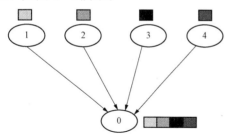

图 4 - 6　从进程 1、2、3 和 4 收集数据

4.8.2　实现过程

在下面的例子中，我们会给出图 4 - 6 中所示的条件，即每个进程建立自己的数据，发送到根进程（由 rank 0 标识）：

（1）完成必要的导入：

from mpi4py import MPI

（2）接下来，定义以下 3 个参数。comm 参数是通信器，rank 提供进程的序号，size 是线程总数：

```
comm = MPI.COMM_WORLD
size = comm. Get_size()
rank = comm. Get_rank()
```

（3）在这里，我们要定义由 rank 等于 0 的进程收集的数据：

```
data = (rank + 1) ** 2
```

（4）最后，通过 comm. gather 函数完成收集。另外。要注意根进程（从其他进程收集数据）是序号为 0 的进程：

```
data = comm.gather(data, root = 0)
```

（5）对于 rank 等于 0 的进程，要打印所收集的数据以及相应的发送进程：

```
if rank == 0:
    print ("rank = %s " % rank + \
            "... receiving data to other process")
    for i in range(1,size):
        value = data[i]
        print(" process %s receiving %s from process %s"\
            %(rank , value , i))
```

4.8.3　工作原理

根进程 0 从另外 4 个进程接收数据，如图 4 - 6 所示。

我们设置 n（＝5）个进程，其中 $n-1$ 个进程发送数据：

```
data = (rank + 1) * * 2
```

如果进程的 rank 为 0，则将数据收集到一个数组中：

```
if rank == 0:
    for i in range(1,size):
        value = data[i]
```

数据的收集由以下函数完成：

```
data = comm.gather(data, root = 0)
```

最后，运行代码，设置组中进程数等于 5：

```
C:\>mpiexec - n 5 python gather.py
rank = 0 ... receiving data to other process
process 0 receiving 4 from process 1
process 0 receiving 9 from process 2
process 0 receiving 16 from process 3
process 0 receiving 25 from process 4
```

4.8.4　相关内容

要收集数据，mpi4py 提供了以下函数：

- 收集到一个任务：comm. Gather、comm. Gatherv 和 comm. gather。

- 收集到所有任务：comm. Allgather、comm. Allgatherv 和 comm. allgather。

4.8.5　参考资料

关于 mpi4py 的更多信息参见 http：//www. ceci - hpc. be/assets/training/mpi4py. pdf。

4.9　使用 Alltoall 的聚合通信

Alltoall 聚合通信结合了 scatter 和 gather 功能。

4.9.1　实现过程

在下面的例子中，我们会看到 comm. Alltoall 的一个 mpi4py 实现。这里考虑一个通信器进程组，其中每个进程都向组中定义的其他进程发送一个数值数组，并从其他进程接收数据：

（1）对于这个例子，必须导入相关的 mpi4py 和 numpy 库：

```
from mpi4py import MPI
import numpy
```

（2）与前例中一样，需要设置同样的参数 comm、size 和 rank：

```
comm = MPI.COMM_WORLD
size = comm.Get_size()
rank = comm.Get_rank()
```

（3）因此，必须定义每个进程要发送的数据（senddata），以及从其他进程接收的数据（recvdata）：

```
senddata = (rank + 1) * numpy. arange(size,dtype = int)
recvdata = numpy. empty(size,dtype = int)
```

（4）最后，执行 Alltoall 函数：

```
comm. Alltoall(senddata,recvdata)
```

（5）会显示每个进程发送和接收的数据：

```
print(" process % s sending % s receiving % s"\
    % (rank , senddata , recvdata))
```

4.9.2　工作原理

comm. alltoall 方法从任务 j 的 sendbuf 参数得到第 i 个对象，把它复制到任务 i 的 recvbuf

参数的第 j 个对象。

如果运行代码时指定通信器组中进程数为 5，则输出如下：

```
C:\>mpiexec -n 5 python alltoall.py
process 0 sending [0 1 2 3 4] receiving [0 0 0 0 0]
process 1 sending [0 2 4 6 8] receiving [1 2 3 4 5]
process 2 sending [0 3 6 9 12] receiving [2 4 6 8 10]
process 3 sending [0 4 8 12 16] receiving [3 6 9 12 15]
process 4 sending [0 5 10 15 20] receiving [4 8 12 16 20]
```

还可以用图 4 - 7 明确发生了什么。

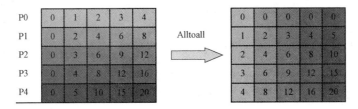

图 4 - 7　Alltoall 聚合通信

对于这个模式，我们的观察如下：

• P0 进程包含［0 1 2 3 4］数据数组，将 0 分配给自己，1 分配给 P1 进程，2 分配给 P2 进程，3 分配给 P3 进程，4 分配给 P4 进程；

• P1 进程包含［0 2 4 6 8］数据数组，将 0 分配给 P0 进程，2 分配给自己，4 分配给 P2 进程，6 分配给 P3 进程，8 分配给 P4 进程；

• P2 进程包含［0 3 6 9 12］数据数组，将 0 分配给 P0 进程，3 分配给 P1 进程，6 分配给自己，9 分配给 P3 进程，12 分配给 P4 进程；

• P3 进程包含［0 4 8 12 16］数据数组，将 0 分配给 P0 进程，4 分配给 P1 进程，8 分配给 P2 进程，12 分配给自己，16 分配给 P4 进程；

• P4 进程包含［0 5 10 15 20］数据数组，将 0 分配给 P0 进程，5 分配给 P1 进程，10 分配给 P2 进程，15 分配给 P3 进程，20 分配给自己。

4.9.3　相关内容

Alltoall 通信也称为一种全交换。这个操作在大量并行算法中使用，如快速傅里叶变换、矩阵转置、抽样排序和一些并行数据库连接操作。

在 mpi4py 中，有 3 种类型的 Alltoall 聚合通信：

• comm. Alltoall（sendbuf, recvbuf）：Alltoall 分发/收集从组中的所有进程发送数据。

- comm. Alltoallv（sendbuf，recvbuf）：Alltoall 分发/收集从组中的所有进程发送数据，提供不同数量和偏移的数据。
- comm. Alltoallw（sendbuf，recvbuf）：广义 Alltoall 通信允许每个参与者有不同的数据量、偏移和数据类型。

4.9.4　参考资料

可以从 https：//www. duo. uio. no/bitstream/handle/10852/10848/WenjingLinThesis. pdf 下载关于 MPI Python 模块的一个有意思的分析。

4.10　归约操作

与 comm. gather 类似，comm. reduce 接收各个进程中的一个输入元素数组，向根进程返回一个输出元素数组。输出元素包含归约的结果。

4.10.1　准备工作

在 mpi4py 中，我们通过以下语句定义归约操作：

```
comm. Reduce(sendbuf，recvbuf，rank_of_root_process，op =
type_of_reduction_operation)
```

必须指出与 comm. gather 语句的区别在于 op 参数，这是你希望对数据应用的操作，mpi4py 模块包含一组可用的归约操作。

4.10.2　实现过程

现在，我们将了解如何使用归约功能利用 MPI. SUM 归约操作来实现一个元素数组的累加求和。每个进程要管理一个大小为 10 的数组。

对于数组管理，我们要使用 numpy Python 模块提供的函数：

（1）在这里要导入相关的库 mpi4py 和 numpy：

```
import numpy
from mpi4py import MPI
```

（2）定义 comm、size 和 rank 参数：

```
comm = MPI.COMM_WORLD
size = comm.size
rank = comm.rank
```

（3）然后，设置数组的大小（array_size）：

```
array_size = 10
```

（4）定义要发送和接收的数据：

```
recvdata = numpy.zeros(array_size,dtype = numpy.int)
senddata = (rank + 1) * numpy.arange(array_size,dtype = numpy.int)
```

（5）打印发送进程和所发送的数据：

```
print(" process % s sending % s " %(rank , senddata))
```

（6）最后，执行 Reduce 操作。注意 root 进程设置为 0，op 参数设置为 MPI.SUM：

```
comm.Reduce(senddata,recvdata,root = 0,op = MPI.SUM)
```

（7）然后显示归约操作的输出，如下所示：

```
print ('on task',rank,'after Reduce：data = ',recvdata)
```

4.10.3 工作原理

要完成归约求和，我们使用了 comm.Reduce 语句。另外，这里指定 rank 0，这是将包含 recvbuf 的 root 进程，它表示计算的最终结果：

```
comm.Reduce(senddata,recvdata,root = 0,op = MPI.SUM)
```

运行代码时可以指定通信器组中有 10 个进程，因为这正是所管理的数组的大小。

输出如下所示：

```
C:\>mpiexec - n 10 python reduction.py
  process 1 sending [ 0 2 4 6 8 10 12 14 16 18]
on task 1 after Reduce：data = [0 0 0 0 0 0 0 0 0]
  process 5 sending [ 0 6 12 18 24 30 36 42 48 54]
on task 5 after Reduce：data = [0 0 0 0 0 0 0 0 0]
  process 7 sending [ 0 8 16 24 32 40 48 56 64 72]
on task 7 after Reduce：data = [0 0 0 0 0 0 0 0 0]
  process 3 sending [ 0 4 8 12 16 20 24 28 32 36]
on task 3 after Reduce：data = [0 0 0 0 0 0 0 0 0]
  process 9 sending [ 0 10 20 30 40 50 60 70 80 90]
on task 9 after Reduce：data = [0 0 0 0 0 0 0 0 0]
  process 6 sending [ 0 7 14 21 28 35 42 49 56 63]
on task 6 after Reduce：data = [0 0 0 0 0 0 0 0 0]
```

process 2 sending [0 3 6 9 12 15 18 21 24 27]

on task 2 after Reduce：data = [0 0 0 0 0 0 0 0 0 0]

process 8 sending [0 9 18 27 36 45 54 63 72 81]

on task 8 after Reduce：data = [0 0 0 0 0 0 0 0 0 0]

process 4 sending [0 5 10 15 20 25 30 35 40 45]

on task 4 after Reduce：data = [0 0 0 0 0 0 0 0 0 0]

process 0 sending [0 1 2 3 4 5 6 7 8 9]

on task 0 after Reduce：data = [0 55 110 165 220 275 330 385 440 495]

4.10.4 相关内容

注意，利用 op＝MPI. SUM 选项，我们会对数组中的所有元素应用一个求和操作。为了更好地理解如何完成归约操作，来看图 4 - 8。

图 4 - 8   聚合通信中的归约

发送操作如下：
- **P0** 进程发送 [0 1 2] 数据数组。
- **P1** 进程发送 [0 2 4] 数据数组。
- **P3** 进程发送 [0 3 6] 数据数组。

归约操作将各个任务的第 i 个元素求和，然后将结果放在 **P0** 根进程数组的第 i 个元素中。对于接收操作，**P0** 进程会接收 [0 6 12] 数据数组。

MPI 定义的一些归约操作如下：
- MPI. MAX：返回最大元素。
- MPI. MIN：返回最小元素。
- MPI. SUM：累加所有元素。
- MPI. PROD：将所有元素相乘。
- MPI. LAND：在元素上完成逻辑与操作。
- MPI. MAXLOC：返回最大值和拥有这个最大值的进程的序号。
- MPI. MINLOC：返回最小值和拥有这个最小值的进程的序号。

4.10.5 参考资料

可以在 http：//mpitutorial.com/tutorials/mpi-reduce-and-allreduce/找到有关这个主题和更多内容的一个很好的教程。

4.11 优化通信

MPI 提供的一个有意思的特性与虚拟拓扑有关。前面已经提到，所有通信函数（点对点或聚合通信）都涉及一组进程。我们通常使用 MPI_COMM_WORLD 组，其中包括所有进程。对于一个大小为 n 的通信器，会为属于这个通信器的每个进程分配一个序号（$0\sim n-1$）。

不过，MPI 允许我们为通信器指定一个虚拟拓扑。可以为不同的进程定义一个标签分配：通过建立一个虚拟拓扑，每个节点只与其虚拟邻点通信，这会提高性能，因为这样可以减少执行时间。

例如，如果序号是随机分配的，一个消息在到达目标之前，可能必须传递到很多其他节点。除了性能问题，虚拟拓扑还可以确保代码更清晰、更可读。

MPI 提供了两个拓扑构造。第一个构造会创建笛卡尔拓扑，第二个则创建任何类型的拓扑。具体地，在第二种情况下，必须提供想要构建的图的邻接矩阵。我们只处理笛卡尔拓扑，通过它可以建立很多广泛使用的结构，如网格（mesh）、环形（ring）和全环（toroid）结构。

用来创建笛卡尔拓扑的 mpi4py 函数如下：

```
comm.Create_cart((number_of_rows,number_of_columns))
```

在这里，number_of_rows 和 number_of_columns 分别指定要建立的网格的行数和列数。

4.11.1 实现过程

在下面的例子中，我们会了解如何实现大小为 $M\times N$ 的笛卡尔拓扑。另外，我们定义了一组坐标来理解所有进程如何排列：

（1）导入所有相关的库：

```
from mpi4py import MPI
import numpy as np
```

（2）定义以下参数来建立拓扑：

```
UP = 0
DOWN = 1
LEFT = 2
RIGHT = 3
```

（3）对于每个进程，以下数组定义了相邻进程：

```
neighbour_processes = [0,0,0,0]
```

（4）在 main 程序中，定义 comm、rank 和 size 参数：

```
if __name__ == "__main__":
    comm = MPI.COMM_WORLD
    rank = comm.rank
    size = comm.size
```

（5）下面来建立拓扑：

```
grid_rows = int(np.floor(np.sqrt(comm.size)))
grid_column = comm.size // grid_rows
```

（6）下面的条件确保进程总是在这个拓扑中：

```
if grid_rows * grid_column > size:
    grid_column -= 1
if grid_rows * grid_column > size:
    grid_rows -= 1
```

（7）rank 等于 0 的进程启动拓扑构建：

```
if (rank == 0):
    print("Building a %d x %d grid topology:"\
            % (grid_rows, grid_column))
cartesian_communicator = \
                    comm.Create_cart( \
                    (grid_rows, grid_column), \
                    periods = (False, False), \
                    reorder = True)
my_mpi_row, my_mpi_col = \
            cartesian_communicator.Get_coords\
            ( cartesian_communicator.rank )

neighbour_processes[UP], neighbour_processes[DOWN]\
```

```
                       = cartesian_communicator. Shift(0, 1)
    neighbour_processes[LEFT], \
                            neighbour_processes[RIGHT] = \
                            cartesian_communicator. Shift(1, 1)
    print ("Process = % s
    \row = % s\n \
    column = % s ——> neighbour_processes[UP] = % s \
    neighbour_processes[DOWN] = % s \
    neighbour_processes[LEFT] = % s neighbour_processes[RIGHT] = % s" \
           % (rank, my_mpi_row, \
           my_mpi_col,neighbour_processes[UP], \
           neighbour_processes[DOWN], \
           neighbour_processes[LEFT] , \
           neighbour_processes[RIGHT]))
```

4.11.2　工作原理

对于每个进程，输出要如下理解：如果 neighbour _ processes ＝ －1，则在这个拓扑中没有相邻进程，否则 neighbour _ processes 显示了相邻进程的序号。

得到的拓扑是一个 2×2 的网格（参考前面表示网格的示意图），大小等于输入的进程个数，也就是 4：

```
grid_row = int(np. floor(np. sqrt(comm. size)))
grid_column = comm. size // grid_row
if grid_row * grid_column > size:
    grid_column - = 1
if grid_row * grid_column > size:
    grid_rows - = 1
```

然后，使用 comm. Create _ cart 函数建立笛卡尔拓扑（还要注意参数 periods ＝（False，False））：

```
cartesian_communicator = comm. Create_cart( \
    (grid_row, grid_column), periods = (False, False), reorder = True)
```

为了知道进程的位置，可以如下使用 Get _ coords（）方法：

```
my_mpi_row, my_mpi_col = \
cartesian_communicator. Get_coords(cartesian_communicator. rank )
```

对于这些进程，除了得到它们的坐标，还要计算和找出拓扑中与之相邻的进程。为此，我们使用了 comm. Shift（rank _ source，rank _ dest）函数：

```
neighbour_processes[UP], neighbour_processes[DOWN] = \
                        cartesian_communicator.Shift(0, 1)
neighbour_processes[LEFT], neighbour_processes[RIGHT] = \
                        cartesian_communicator.Shift(1, 1)
```

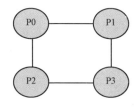

图 4-9   2×2 的虚拟网格拓扑

得到的拓扑如图 4-9 所示。

如图 4-9 所示，P0 进程串链到 **P1**（RIGHT）和 **P2**（DOWN）进程。**P1** 进程串链到 **P3**（DOWN）和 **P0**（LEFT）进程，**P3** 进程串链到 **P1**（UP）和 **P2**（LEFT）进程，**P2** 进程串链到 **P3**（RIGHT）和 **P0**（UP）进程。

最后，通过运行脚本，可以得到以下结果：

```
C:\>mpiexec - n 4 python virtualTopology.py
Building a 2 x 2 grid topology：
Process = 0 row = 0 column = 0
 ──→
neighbour_processes[UP] = -1
neighbour_processes[DOWN] = 2
neighbour_processes[LEFT] = -1
neighbour_processes[RIGHT] = 1

Process = 2 row = 1 column = 0
 ──→
neighbour_processes[UP] = 0
neighbour_processes[DOWN] = -1
neighbour_processes[LEFT] = -1
neighbour_processes[RIGHT] = 3

Process = 1 row = 0 column = 1
 ──→
neighbour_processes[UP] = -1
neighbour_processes[DOWN] = 3
neighbour_processes[LEFT] = 0
neighbour_processes[RIGHT] = -1

Process = 3 row = 1 column = 1
```

```
　　　⟶
neighbour_processes[UP] = 1
neighbour_processes[DOWN] = -1
neighbour_processes[LEFT] = 2
neighbour_processes[RIGHT] = -1
```

4.11.3　相关内容

　　为了得到大小为 $M \times N$ 的全环拓扑，下面再来使用 comm. Create_cart，不过，这一次，我们将 periods 参数设置为 periods＝（True，True）：

```
cartesian_communicator = comm. Create_cart( (grid_row, grid_column),\
                                periods = (True, True), reorder = True)
```

　　会得到以下输出：

```
C:\>mpiexec - n 4 python virtualTopology. py
Process = 3 row = 1 column = 1
　　⟶
neighbour_processes[UP] = 1
neighbour_processes[DOWN] = 1
neighbour_processes[LEFT] = 2
neighbour_processes[RIGHT] = 2

Process = 1 row = 0 column = 1
　　⟶
neighbour_processes[UP] = 3
neighbour_processes[DOWN] = 3
neighbour_processes[LEFT] = 0
neighbour_processes[RIGHT] = 0

Building a 2 x 2 grid topology:
Process = 0 row = 0 column = 0
　　⟶
neighbour_processes[UP] = 2
neighbour_processes[DOWN] = 2
neighbour_processes[LEFT] = 1
neighbour_processes[RIGHT] = 1

Process = 2 row = 1 column = 0
```

⟶

```
neighbour_processes[UP] = 0
neighbour_processes[DOWN] = 0
neighbour_processes[LEFT] = 3
neighbour_processes[RIGHT] = 3
```

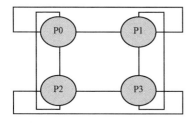

图 4-10   2×2 的虚拟全环拓扑

这个输出表示了这里所示的拓扑，如图 4-10 所示。

图 4-10 显示的拓扑表示 **P0** 进程串链到 **P1**（RIGHT 和 LEFT）和 **P2**（UP 和 DOWN）进程，**P1** 进程串链到 **P3**（UP 和 DOWN）和 **P0**（RIGHT 和 LEFT）进程，**P3** 进程串链到 **P1**（UP 和 DOWN）和 **P2**（RIGHT 和 LEFT）进程，**P2** 进程串链到 **P3**（LEFT 和 RIGHT）和 **P0**（UP 和 DOWN）进程。

4.11.4 参考资料

关于 MPI 的更多信息参见 http：//pages. tacc. utexas. edu/～eijkhout/pcse/html/mpi - topo. html。

第5章 异 步 编 程

除了顺序和并行执行模型，还有第三种非常重要的模型：异步模型（*asynchronous model*），这种模型结合了事件编程的概念。

异步任务的执行模型可以通过一个主控制流实现，这可以在单处理器系统中实现，也可以在多处理器系统中实现。在并发异步执行模型中，不同任务的执行在时间轴上有交叠，所有活动都在单一控制流作用下完成（单线程）。一旦启动，任务的执行可以暂挂，过一段时间后再恢复，与当前其他任务的执行交替进行。

异步模型的代码开发与多线程编程完全不同。并发多线程并行模型与单线程并发异步模型之间的根本差别在于，对于前者，在时间轴上，操作系统会决定是否要暂挂一个线程的活动而启动另一个线程。

不同于异步模型，这不由程序员来控制。任务会根据需要执行或终止。

异步编程最重要的特点是，代码不是在多个线程上完成（这不同于传统的并发编程），而是在单一的线程上完成。因此，两个任务同时执行的说法并不完全正确，不过按照这种方法，多个任务几乎可以同时完成。

具体地，我们将介绍 asyncio Python 模块，这是 Python 3.4 中引入的。这个模块允许我们使用协程和 future，从而可以更容易地编写异步代码，并使代码更可读。

这一章中，我们将介绍以下技巧：
- 使用 concurrent. futures Python 模块。
- 使用 asyncio 管理事件循环。
- 使用 asyncio 处理协程。
- 用 asyncio 管理任务。
- 处理 asyncio 和 future。

5.1 使用 concurrent. futures Python 模块

concurrent. futures 模块是标准 Python 库的一部分，在线程之上提供了一层抽象，将线程建模为异步函数。

这个模块包括两个主要的类：
- concurrent. futures. Executor：这个抽象类提供了异步执行调用的方法。

• concurrent. futures. Future：这个类封装了一个 callable 的异步执行。可以向 Executors 提交任务（带可选参数的函数）来实例化 Future 对象。

这个模块有以下主要方法：

• submit（function，argument）：调度 callable 函数在指定参数上执行。

• map（function，argument）：这会以异步模式使用指定参数执行函数。

• shutdown（Wait＝True）：通知执行器（executor）释放资源。

执行器可以通过其子类 ThreadPoolExecutor 或 ProcessPoolExecutor 访问。因为线程和进程的实例化是一个需要大量资源的任务，最好将这些资源放入资源池，用作为并行或并发任务的可重复的启动器或执行器（也因此出现了 Executors 概念）。

这里采用的方法使用了一个池执行器。我们将向这个池提交资产（线程和进程），并得到 future，这些是将来可用的结果。当然，可以等待所有 future 变成真正的结果。

线程或进程池［也称为池（*pooling*）］表示一个管理软件，用来优化和简化一个程序中线程和/或进程的使用。通过池，可以提交一个任务（或多个任务）来执行。

池有一个内部队列，包含未完成的任务和多个执行这些任务的线程或进程。池中一个反复出现的概念是重用：一个线程（或进程）在其生命周期中会多次用于不同的任务。这可以减少创建新线程或进程的开销，并提高程序的性能。

重用不是一个规则，但这是促使程序员在应用中使用池的主要原因之一。

5.1.1　准备工作

concurrent. futures 模块提供了 Executor 类的两个子类，它们分别异步地管理一个线程池和一个进程池。这两个子类如下：

• concurrent. futures. ThreadPoolExecutor（max _ workers）。

• concurrent. futures. ProcessPoolExecutor（max _ workers）。

max _ workers 参数指定异步执行调用的最大工作线程（进程）数。

5.1.2　实现过程

下面是使用线程和进程池的一个例子，我们将对其执行时间和顺序执行所花费的时间做一个比较。

要完成的任务如下：有一个包含 10 个元素的列表。对于列表中的每个元素，向上数到 100000000（只是为了浪费时间），然后最后一个数与列表的第 i 个元素相乘。具体地，我们会考虑以下情况：

• **顺序执行。**

• **有 5 个工作线程的线程池。**

- **有 5 个工作进程的进程池。**

下面来看如何完成这个任务：

（1）导入相关的库：

```
import concurrent.futures
import time
```

（2）定义包含数字 1～10 的列表：

```
number_list = list(range(1, 11))
```

（3）count（number）函数首先从 1 数到 100000000，然后返回 number × 100000000 的乘积：

```
def count(number):
    for i in range(0,100000000):
        i += 1
    return i * number
```

（4）evaluate（item）函数在 item 参数上计算 count 函数。它会打印 item 值和 count（item）的结果：

```
def evaluate(item):
    result_item = count(item)
    print('Item %s, result %s' % (item, result_item))
```

（5）在 _ main _ 中，分别运行顺序执行、线程池执行和进程池执行：

```
if __name__ == '__main_':
```

（6）对于顺序执行，会对 number _ list 中的每个元素执行 evaluate 函数。然后打印执行时间：

```
start_time = time.clock()
for item in number_list:
    evaluate(item)
print('sequential Execution in % s seconds' % (time.clock() - \
    start_time))
```

（7）对于线程池和进程池执行，使用了相同的工作线程（进程）数（max _ workers＝5）。当然，对于这两个池，也会显示执行时间：

```
start_time = time.clock()
```

```
with concurrent. futures. ThreadPoolExecutor(max_workers = 5) as\
executor：
    for item in number_list：
        executor. submit(evaluate, item)
print('Thread Pool Execution in %s seconds' % (time. clock() -\
    start_time))
start_time = time. clock()
with concurrent. futures. ProcessPoolExecutor(max_workers = 5) as\
executor：
    for item in number_list：
        executor. submit(evaluate, item)
print('Process Pool Execution in %s seconds' % (time. clock() -\
    start_time))
```

5.1.3　工作原理

我们要建立一个数字列表，存储在 number_list 中：

```
number_list = list(range(1, 11))
```

对于列表中的每个元素，要完成计数过程，直到达到 100000000 次迭代，然后乘以结果值 100000000：

```
def count(number)：
    for i in range(0, 100000000)：
        i = i + 1
    return i * number

def evaluate_item(x)：
    result_item = count(x)
```

在 main 程序中，首先用顺序模式执行同样的任务：

```
if __name__ == "__main__"：
  for item in number_list：
      evaluate_item(item)
```

然后采用并行模式，对一个线程池使用 concurrent. futures 池功能：

```
with concurrent. futures. ThreadPoolExecutor(max_workers = 5) as executor：
    for item in number_list：
```

```
executor. submit(evaluate, item)
```

然后对一个进程池完成同样的工作：

```
with concurrent. futures. ProcessPoolExecutor(max_workers = 5) as executor：
    for item in number_list：
        executor. submit(evaluate, item)
```

 注意，线程和进程池都设置为 max_workers＝5；另外，如果 max_workers 等于 None，则默认为机器上的处理器个数。

要运行这个例子，打开 Command Prompt，在包含这个示例文件的同一个义件夹中，键入以下命令：

> python concurrent_futures_pooling. py

通过执行前面的例子，可以看到这 3 个模式的执行情况及相应时间：

Item 1，result 10000000

Item 2，result 20000000

Item 3，result 30000000

Item 4，result 40000000

Item 5，result 50000000

Item 6，result 60000000

Item 7，result 70000000

Item 8，result 80000000

Item 9，result 90000000

Item 10，result 100000000

Sequential Execution in 6. 8109448 seconds

Item 2，result 20000000

Item 1，result 10000000

Item 4，result 40000000

Item 5，result 50000000

Item 3，result 30000000

Item 8，result 80000000

Item 7，result 70000000

Item 6，result 60000000

Item 10，result 100000000

Item 9，result 90000000

Thread Pool Execution in 6. 805766899999999 seconds

```
Item 1, result 10000000
Item 4, result 40000000
Item 2, result 20000000
Item 3, result 30000000
Item 5, result 50000000
Item 6, result 60000000
Item 7, result 70000000
Item 9, result 90000000
Item 8, result 80000000
Item 10, result 100000000
Process Pool Execution in 4.166398899999999 seconds
```

需要指出，这个例子在计算上并不昂贵，顺序和线程池执行在时间方面相差无几，但使用进程池可以得到最快的执行时间。

这个池对进程（这里是 5 个进程）采用 FIFO（先进先出）模式分布在可用的内核上（对于这个例子，使用了一个有 4 个内核的机器）。

所以，对于每个内核，所分配的进程会顺序运行。只有在完成 I/O 操作之后，进程池才会调度执行下一个进程。当然，如果使用线程池，执行机制也是一样的。

对于进程池，计算时间较少要归因于 I/O 操作不算多。这就使得进程池方法会更快，因为，不同于线程，进程不需要任何同步机制（这在第 1 章"并行计算和 Python 入门"的"1.7　Python 并行编程介绍"一节中解释过）。

5.1.4　相关内容

池技术在很多应用中得到了广泛使用，因为可能必须管理来自任意多个客户的多个同时的请求。

不过，很多其他应用则要求每个活动立即完成，或者要对运行活动的线程有更多控制，在这种情况下，池不是最佳选择。

5.1.5　参考资料

可以在这里找到关于 concurrent.futures 的一个有意思的教程：http：//masnun.com/2016/03/29/python‐a‐quick‐introduction‐to‐the‐concurrent‐futures‐module.html。

5.2　使用 asyncio 管理事件循环

asyncioPython 模块提供了管理事件、协程、任务以及线程的工具，还提供了编写并发代码的同步原语。

这个模块的主要组件包括：

- **事件循环（event loop）**：asyncio 模块允许每个进程有一个事件循环。这是管理和分布不同任务执行的实体。具体地，事件循环要注册任务，并通过在不同任务之间切换控制流来管理任务。
- **协程（coroutine）**：这是一个广义的子例程概念。同样地，协程在执行时可以暂挂来等待外部处理（I/O 中的一些例程），外部处理完成时会回到之前暂停的那一点。
- **Future**：类似于 concurrent.futures 模块，这定义了 Future 对象。它表示一个还没有完成的计算。
- **任务（task）**：这是 asyncio 的一个子类，用来封装协程并以并行模式管理协程。

在这一节中，我们的重点是事件的概念和软件程序中的事件管理（也就是事件循环）。

5.2.1　理解事件循环

在计算机科学中，事件（*event*）是程序截获的一个动作，可以由程序本身来管理。作为例子，事件可以是用户与图形界面交互时的虚拟按键动作、在物理键盘上按键、一个外部中断信号，或者更抽象地，还可以是通过网络拦截数据。不过更一般地讲，所发生的任何其他形式的事件都可以采用某种方式检测和管理。

在一个系统中，生成事件的实体称为事件源（*event source*），而处理所发生事件的实体是事件处理器（event handler）。

作为一个编程构造，事件循环（*event loop*）会在程序中实现管理事件的功能。更准确地讲，事件循环会在整个程序执行期间循环地作用，跟踪一个数据结构中发生的事件，将事件入队，然后通过调用事件处理器一次处理一个事件（如果主线程空闲）。

事件循环管理器的伪代码如下所示：

```
while (1) {
    events = getEvents()
    for (e in events)
        processEvent(e)
}
```

将捕获所有进入 while 循环的事件，然后由事件处理器处理。处理事件的处理器是系统中发生的唯一活动。当处理器处理结束时，控制传递到调度的下一个事件。

asyncio 提供了以下方法来管理事件循环：

- loop = get_event_loop()：这会得到当前上下文的事件循环。
- loop.call_later(time_delay, callback, argument)：安排在给定的 time_delay（单

位为秒）之后要调用一个回调。

- loop. call _ soon（callback，argument）：安排立即调用一个回调。call _ soon（）（https：//docs. python. org/3/library/asyncio - eventloop. html）返回后（此时控制返回到事件循环）就会调用回调。
- loop. time（）：根据事件循环的内部时钟，这会将当前时间作为一个 float 值返回（https：//docs. python. org/3/library/functions. html）。
- asyncio. set _ event _ loop（）：将当前上下文的事件循环设置为指定循环。
- asyncio. new _ event _ loop（）：这会根据这个策略的规则创建并返回一个新的事件循环对象。
- loop. run _ forever（）：这会一直运行，直到调用 stop（）（https：//docs. python. org/3/library/asyncio - eventloop. html）为止。

5.2.2　实现过程

在这个例子中，我们将看到如何使用 asyncio 库提供的事件循环语句，来建立一个采用异步模式工作的应用。

在这个例子中，我们定义了 3 个任务。每个任务的执行时间由一个随机的时间参数确定。一旦执行完成，任务 A 调用任务 B，任务 B 调用任务 C，任务 C 调用任务 A。

这个事件循环会继续，直到满足一个终止条件。可以想见，这个例子遵循以下异步模式（见图 5 - 1）。

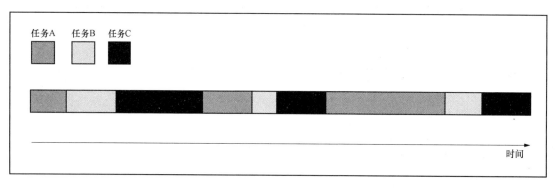

图 5 - 1　异步编程模型

下面来看以下步骤：

（1）首先导入这个实现所需的库：

```
import asyncio
```

```
import time
import random
```

（2）然后定义 task＿A，它的执行时间随机确定，可以是 1～5 秒之间。执行结束时，如果不满足终止条件，则计算转向 task＿B：

```
def task_A(end_time, loop)：
    print ("task_A called")
    time. sleep(random. randint(0, 5))
    if (loop. time() + 1. 0) < end_time：
        loop. call_later(1, task_B, end_time, loop)
    else：
        loop. stop()
```

（3）下面定义 task＿B。它的执行时间随机确定，可以是 4～7 秒之间。执行结束时，如果不满足终止条件，则计算转向 task＿C：

```
def task_B(end_time, loop)：
    print ("task_B called ")
    time. sleep(random. randint(3, 7))
    if (loop. time() + 1. 0) < end_time：
        loop. call_later(1, task_C, end_time, loop)
    else：
        loop. stop()
```

（4）然后实现 task＿C。它的执行时间随机确定，可以是 6～10 秒之间。执行结束时，如果终止条件不满足，则计算回到 task＿A：

```
def task_C(end_time, loop)：
    print ("task_C called")
    time. sleep(random. randint(5, 10))
    if (loop. time() + 1. 0) < end_time：
        loop. call_later(1, task_A, end_time, loop)
    else：
        loop. stop()
```

（5）下一个语句定义了 loop 参数，这就是得到当前事件循环：

```
loop = asyncio. get_event_loop()
```

（6）end＿loop 值定义了终止条件。这个示例代码的执行必须持续 60 秒：

```
end_loop = loop.time() + 60
```

（7）然后，请求执行 task _ A：

```
loop.call_soon(task_A, end_loop, loop)
```

（8）现在设置一个很长的周期，在此期间会持续响应事件，直到将它停止：

```
loop.run_forever()
```

（9）然后关闭事件循环：

```
loop.close()
```

5.2.3　工作原理

为了管理 3 个任务的执行（task _ A、task _ B 和 task _ C），需要得到一个事件循环：

```
loop = asyncio.get_event_loop()
```

然后，使用 call _ soon 构造，调度第一次调用 task _ A：

```
end_loop = loop.time() + 60
loop.call_soon(function_1, end_loop, loop)
```

注意 task _ A 的定义：

```
def task_A(end_time, loop):
    print ("task_A called")
    time.sleep(random.randint(0, 5))
    if (loop.time() + 1.0) < end_time:
        loop.call_later(1, task_B, end_time, loop)
    else:
        loop.stop()
```

这个应用的异步行为由以下参数确定：

- time. sleep（random. randint（0，5））：这定义了任务执行的持续时间。
- end _ time：这定义了 task _ A 的时间上限，并通过 call _ later 方法调用 task _ B。
- loop：这是之前用 get _ event _ loop（）方法得到的事件循环。

执行这个任务后，比较 loop. time 和 end _ time。如果执行时间在最大时间（60 秒）以内，则计算继续，调用 task _ B，否则计算结束，关闭事件循环：

```
if (loop.time() + 1.0) < end_time:
    loop.call_later(1, task_B, end_time, loop)
```

```
    else：
        loop.stop()
```

对于另外两个任务，操作实际上是一样的，只是执行时间和下一个调用的任务有所不同。
现在对这些情况做个总结：

（1）task_A 在 1～5 秒之间的一个随机执行时间后调用 task_B。

（2）task_B 在 4～7 秒之间的一个随机执行时间后调用 task_C。

（3）task_C 在 6～10 秒之间的一个随机执行时间后调用 task_A。

运行时间到期时，事件循环必须结束：

```
loop.run_forever()
loop.close()
```

这个例子可能的输出如下：

task_A called

task_B called

task_C called

task_A called

task_B called

task_C called

task_A called

task_B called

task_C called

task_A called

task_B called

task_C called

task_A called

task_B called

task_C called

5.2.4 相关内容

异步事件编程可以替代一种并发编程，在这种并发编程中，程序的多个部分由不同线程同时执行，它们可以访问内存中同样的数据，这就会导致临界区问题。但同时，这种并发编程对于充分利用现代 CPU 的多个不同内核很重要，因为在某些领域，用单核处理器无法达到多核处理器所能得到的性能。

5.2.5　参考资料

这里有一个关于 asyncio 的很好的介绍：https：//hackernoon.com/a-simple-introduction-to-pythons-asyncio-595d9c9ecf8c。

5.3　使用 asyncio 处理协程

通过所提供的例子，我们已经看到，程序变得很长很复杂时，把它划分为子例程会很方便，每个子例程实现一个特定的任务。不过，子例程不能独立地执行，只能在主程序请求时才会执行，主程序要负责协调子例程的使用。

在这一节中，我们会介绍一个广义的子例程概念，称为协程（coroutine）：与子例程类似，协程会计算单个计算步，但与子例程不同的是，没有 main 程序来协调结果。协程会相互之间链接构成一个管道，而没有任何管理函数负责以某个特定的顺序调用这些协程。

在一个协程中，执行点可以暂挂并在以后恢复，因为协程会跟踪执行状态。通过一个协程池，计算可以交错进行：第一个协程会运行直到它交回控制，然后第二个协程运行，然后继续下去。

这种交错执行由事件循环管理，这在"5.2　使用 *asyncio* 管理事件循环"一节中介绍过。事件循环会跟踪所有协程，并调度这些协程何时执行。

协程的其他重要方面包括：

- 协程允许有多个入口点，可以多次交出控制。
- 协程可以将执行转移到任何其他协程。

这里使用交出（*yield*）一词来描述一个协程暂停，并把控制流传递到另一个协程。

5.3.1　准备工作

我们将使用以下写法来处理协程：

```
import asyncio

@asyncio.coroutine
def coroutine_function(function_arguments):
    .............
    DO_SOMETHING
    .............
```

协程使用 PEP 380 中引入的 yield from 语法（有关的更多内容，参见 https：//

www. python. org/dev/peps/pep‑0380/）来停止当前计算的执行，并暂挂协程的内部状态。

具体地，对于 yield from future，协程会暂挂，直到 future 完成，然后传播 future 的结果（或者产生一个异常）。对于 yield from coroutine，协程会等待另一个协程生成一个结果，将传播这个结果（或者产生一个异常）。

在下一个例子中可以看到，我们将使用协程来模拟一个有限状态机，这里会使用 yield from coroutine 语法。

 对于使用 asyncio 处理协程的更多内容参见 https：//docs. python. org/3. 5/library/asyncio‑task. html。

5.3.2 实现过程

在这个例子中，我们会看到如何使用协程来模拟一个有 5 个状态的有限状态机。

有限状态机（**finite state machine**）或有限状态自动机（**finite state automaton**）是一个数学模型，在工程学科中广泛使用，另外在数学和计算机科学等科学领域使用也很广泛。

我们将使用协程模拟以下自动机的行为（见图 5‑2）。

这个系统的状态为 **S0**，**S1**，**S2**，**S3** 和 **S4**，以及 **0** 和 **1**：这是允许自动机从一个状态传递到下一个状态的值，这个操作称为变迁（*transition*）。所以，例如状态 **S0** 可以传递到 **S1**（但只是对于值 1），另外 **S0** 可以传递到状态 **S2**（但只是对于值 0）。

以下 Python 代码模拟了从状态 **S0**（起始状态）一直到状态 **S4**（结束状态）的自动机变迁：

（1）第一步显然是导入相关的库：

```
import asyncio
import time
from random import randint
```

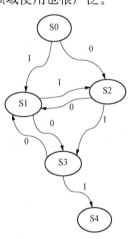

图 5‑2 有限状态机

（2）然后，定义相对于 start _ state 的协程。input _ value 参数会随机计算；这可以是 0 或 1。如果是 0，则控制转向协程 state2；否则改为协程 state1：

```
@asyncio. coroutine
def start_state():
    print('Start State called\n')
    input value = randint(0, 1)
    time. sleep(1)
    if input_value == 0:
```

```
                result = yield from state2(input_value)
        else:
                result = yield from state1(input_value)
        print('Resume of the Transition:\nStart State calling' + result)
```

（3）下面是对应 state1 的协程。input_value 参数会随机计算；这可以是 0 或 1。如果是 0，则控制转向 state3，否则改为 State2：

```
@asyncio.coroutine
def state1(transition_value):
    output_value = 'State 1 with transition value = %s\n' % \
                                            transition_value
    input_value = randint(0, 1)
    time.sleep(1)
    print('... evaluating...')
    if input_value == 0:
        result = yield from state3(input_value)
    else:
        result = yield from state2(input_value)
    return output_value + 'State 1 calling %s' % result
```

（4）对应 state2 的协程有一个允许状态传递的 transition_value 参数。在这种情况下，input_value 会随机计算。如果为 0，则状态变迁到 state1；否则控制转向 state3：

```
@asyncio.coroutine
def state2(transition_value):
    output_value = 'State 2 with transition value = %s\n' % \
                                            transition_value
    input_value = randint(0, 1)
    time.sleep(1)
    print('... evaluating...')
    if input_value == 0:
        result = yield from state1(input_value)
    else:
        result = yield from state3(input_value)
    return output_value + 'State 2 calling %s' % result
```

（5）对应 state3 的协程有一个允许状态传递的 transition_value 参数。input_value 会随机计算。如果为 0，则状态变迁到 state1；否则控制转向 end_state：

```
@asyncio. coroutine
def state3(transition_value):
    output_value = 'State 3 with transition value = %s\n' % \
                                            transition_value
    input_value = randint(0, 1)
    time. sleep(1)
    print('... evaluating...')
    if input_value == 0:
        result = yield from state1(input_value)
    else:
        result = yield from end_state(input_value)
    return output_value + 'State 3 calling %s' % result
```

（6）end_state 打印允许状态传递的 transition_value 参数，然后停止计算：

```
@asyncio. coroutine
def end_state(transition_value):
    output_value = 'End State with transition value = %s\n'% \
                                            transition_value
    print('... stop computation...')
    return output_value
```

（7）在 _main_ 函数中得到事件循环，然后开始模拟有限状态机，调用这个自动机的 start_state：

```
if _name_ == '_main_':
    print('Finite State Machine simulation with Asyncio Coroutine')
    loop = asyncio. get_event_loop()
    loop. run_until_complete(start_state())
```

5.3.3 工作原理

自动机的各个状态使用修饰器@asyncio. coroutine 来定义。
例如，状态 **S0** 定义如下：

```
@asyncio. coroutine
def StartState():
    print ("Start State called \n")
    input_value = randint(0,1)
```

```
time.sleep(1)
if(input_value == 0):
    result = yield from State2(input_value)
else :
    result = yield from State1(input_value)
```

到下一个状态的变迁由 input_value 确定，这个值由 Python random 模块的 randint（0，1）函数定义。这个函数会随机地提供一个 0 或 1。

采用这种方式，randint 可以随机地确定有限状态机要传递到哪个状态：

```
input_value = randint(0,1)
```

确定传递的值之后，协程使用 yield from 命令调用下一个协程：

```
if(input_value == 0):
    result = yield from State2(input_value)
    else :
        result = yield from State1(input_value)
```

result 变量是各个协程返回的值。这是一个字符串，计算结束时，我们可以重建从自动机初始状态 start_state 一直到 end_state 的变迁。

main 程序在事件循环中开始计算：

```
if _name_ == "_main_":
    print("Finite State Machine simulation with Asyncio Coroutine")
    loop = asyncio.get_event_loop()
    loop.run_until_complete(StartState())
```

运行这个代码，会得到类似下面的输出：

```
Finite State Machine simulation with Asyncio Coroutine
Start State called
...evaluating...
...evaluating...
...evaluating...
...evaluating...
...stop computation...
Resume of the Transition :
Start State calling State 1 with transition value = 1
State 1 calling State 2 with transition value = 1
State 2 calling State 1 with transition value = 0
```

```
State 1 calling State 3 with transition value = 0
State 3 calling End State with transition value = 1
```

5.3.4　相关内容

Python 3.5 发布之前，asyncio 模块使用生成器来模拟异步调用，因此，与当前 Python 3.5 版本的语法不同。

Python 3.5 引入了 async 和 await 关键字。注意 await func () 调用中 func () 两边没有加小括号。

下面是一个"Hello, world!" 例子，这里采用 Python 3.5＋引入的新语法使用 asyncio：

```python
import asyncio

async def main():
    print(await func())
async def func():
    # Do time intensive stuff...
    return "Hello, world!"

if __name__ == "__main__":
    loop = asyncio.get_event_loop()
    loop.run_until_complete(main())
```

5.3.5　参考资料

这里很好地介绍了 Python 中的协程：https：//www.geeksforgeeks.org/coroutine - in - python/。

5.4　使用 asyncio 管理任务

asyncio 模块设计为通过一个事件循环处理异步进程和并发任务的执行。它还提供了 asyncio. Task () 类（https：//docs. python. org/3/library/asyncio - task. html) 将协程包装在一个任务中。使用这个类是为了允许独立地运行任务，从而可以用相同的事件循环与其他任务并发运行。

协程包装在一个任务中时，它将 Task 连接到事件循环，然后在循环开始时自动运行，从而提供一种自动驱动协程的机制。

asyncio 模块提供了 asyncio. Task（coroutine）方法来利用任务处理计算，另外，asyncio. Task（coroutine）（https：//docs. python. org/3/library/asyncio - task. html）可以调度协程的执行。

任务负责在一个事件循环中执行一个协程对象。

如果所包装的协程使用了 yields from future 语法，如"5.3　使用 *asyncio* 处理协程"一节中所述，任务会暂挂所包装协程的执行，等待 future 完成。

future 完成时，会利用 future 的结果或异常重新启动所包装协程的执行。另外，必须指出，事件循环一次只能运行一个任务。如果有其他事件循环在不同线程中运行，那么可以并行运行其他任务。

一个任务等待 future 完成时，事件循环会执行一个新任务。

5.4.1　实现过程

在这个例子中，我们会介绍如何利用 asyncio. Task（）语句并发地执行 3 个数学函数：

（1）当然，首先要导入 asyncio 库：

```
import asyncio
```

（2）在第一个协程中，定义了 factorial 函数：

```
@asyncio. coroutine
def factorial(number)：
    f = 1
    for i in range(2, number + 1)：
        print("Asyncio. Task：Compute factorial( % s)" % (i))
        yield from asyncio. sleep(1)
        f * = i
    print("Asyncio. Task - factorial( % s) = % s" % (number, f))
```

（3）在此之后，定义第二个函数：fibonacci 函数：

```
@asyncio. coroutine
def fibonacci(number)：
    a, b = 0, 1
    for i in range(number)：
        print("Asyncio. Task：Compute fibonacci ( % s)" % (i))
        yield from asyncio. sleep(1)
        a, b = b, a + b
    print("Asyncio. Task - fibonacci( % s) = % s" % (number, a))
```

（4）最后一个要并发执行的函数是 binomial _ coefficient：

```
@asyncio.coroutine
def binomial_coefficient(n, k):
    result = 1
    for i in range(1, k + 1):
        result = result * (n - i + 1) / i
        print("Asyncio.Task: Compute binomial_coefficient (%s)" %
            (i))
        yield from asyncio.sleep(1)
    print("Asyncio.Task - binomial_coefficient(%s , %s) = %s" %
        (n,k,result))
```

（5）在 _ main _ 函数中，task _ list 包含必须使用 asyncio.Task 函数并行完成的函数：

```
if __name__ == '__main__':
    task_list = [asyncio.Task(factorial(10)),
                 asyncio.Task(fibonacci(10)),
                 asyncio.Task(binomial_coefficient(20, 10))]
```

（6）最后，得到事件循环，开始计算：

```
loop = asyncio.get_event_loop()
loop.run_until_complete(asyncio.wait(task_list))
loop.close()
```

5.4.2　工作原理

各个协程采用@asyncio.coroutine 注解（称为修饰符）来定义：

```
@asyncio.coroutine
def function (args):
    do something
```

要并行运行，各个函数分别是 asyncio.Task 类的一个参数，这些 Task 要包含在 task _ list 中：

```
if __name__ == '__main__':
    task_list = [asyncio.Task(factorial(10)),
                 asyncio.Task(fibonacci(10)),
                 asyncio.Task(binomial_coefficient(20, 10))]
```

然后，得到事件循环：

```
loop = asyncio.get_event_loop()
```

最后，将 task_list 的执行增加到事件循环：

```
loop.run_until_complete(asyncio.wait(task_list))
loop.close()
```

 需要说明，asyncio.wait（task_list）语句会等待给定的协程完成。

前面的代码可以得到以下输出：

```
Asyncio.Task：Compute factorial(2)
Asyncio.Task：Compute fibonacci(0)
Asyncio.Task：Compute binomial_coefficient(1)
Asyncio.Task：Compute factorial(3)
Asyncio.Task：Compute fibonacci(1)
Asyncio.Task：Compute binomial_coefficient(2)
Asyncio.Task：Compute factorial(4)
Asyncio.Task：Compute fibonacci(2)
Asyncio.Task：Compute binomial_coefficient(3)
Asyncio.Task：Compute factorial(5)
Asyncio.Task：Compute fibonacci(3)
Asyncio.Task：Compute binomial_coefficient(4)
Asyncio.Task：Compute factorial(6)
Asyncio.Task：Compute fibonacci(4)
Asyncio.Task：Compute binomial_coefficient(5)
Asyncio.Task：Compute factorial(7)
Asyncio.Task：Compute fibonacci(5)
Asyncio.Task：Compute binomial_coefficient(6)
Asyncio.Task：Compute factorial(8)
Asyncio.Task：Compute fibonacci(6)
Asyncio.Task：Compute binomial_coefficient(7)
Asyncio.Task：Compute factorial(9)
Asyncio.Task：Compute fibonacci(7)
Asyncio.Task：Compute binomial_coefficient(8)
Asyncio.Task：Compute factorial(10)
```

```
Asyncio.Task：Compute fibonacci(8)
Asyncio.Task：Compute binomial_coefficient(9)
Asyncio.Task - factorial(10) = 3628800
Asyncio.Task：Compute fibonacci(9)
Asyncio.Task：Compute binomial_coefficient(10)
Asyncio.Task - fibonacci(10) = 55
Asyncio.Task - binomial_coefficient(20, 10) = 184756.0
```

5.4.3 相关内容

asyncio 还提供了另外一些方法，可以使用 ensure_future（）或 AbstractEventLoop.create_task（）方法调度任务，这两个方法都接受一个协程对象。

5.4.4 参考资料

关于 asyncio 和任务的更多信息参见 https：//tutorialedge.net/python/concurrency/asyncio-tasks-tutorial/ 。

5.5 处理 asyncio 和 future

asyncio 模块的另一个重要组件是 asyncio.Future 类。这与 concurrent.Futures 非常相似，不过，当然这个类会采用 asyncio 的主要机制：事件循环。

asyncio.Future 类表示一个还不可用的结果（不过也可以是一个异常）。

因此，它表示还没有得到的一个东西的抽象。实际上，要为这个类的实例增加处理结果的回调。

5.5.1 准备工作

要定义一个 future 对象，必须使用以下语法：

```
future = asyncio.Future
```

管理这个对象的主要方法如下：

- cancel（）：这会取消 future 对象并调度回调。
- result（）：这会返回这个 future 表示的结果。
- exception（）：这会返回这个 future 上的异常。
- add_done_callback（fn）：这会增加 future 完成时要运行的一个回调。
- remove_done_callback（fn）：这会在完成时从调用列表删除一个回调的所有实例。

- set_result（result）：这会标志 future 为已完成，并设置其结果。
- set_exception（exception）：这会标志 future 为已完成，并设置一个异常。

5.5.2　实现过程

下面的例子展示了如何使用 asyncio.Future 类来管理两个协程：first_coroutine 和 second_coroutine，它们分别完成以下任务。first_coroutine 计算前 N 个整数的和，second_coroutine 计算 N 的阶乘：

（1）首先导入相关的库：

```
import asyncio
import sys
```

（2）first_coroutine 实现前 N 个整数的求和（sum）函数：

```
@asyncio.coroutine
def first_coroutine(future, num):
    count = 0
    for i in range(1, num + 1):
        count += i
    yield from asyncio.sleep(1)
    future.set_result('First coroutine (sum of N integers)\
                    result = %s' % count)
```

（3）在 second_coroutine 中，要实现阶乘（factorial）函数：

```
@asyncio.coroutine
def second_coroutine(future, num):
    count = 1
    for i in range(2, num + 1):
        count *= i
    yield from asyncio.sleep(2)
    future.set_result('Second coroutine (factorial) result = %s' %\
                    count)
```

（4）使用 got_result 函数，打印计算的输出：

```
def got_result(future):
    print(future.result())
```

（5）在 main 函数中，num1 和 num2 参数必须由用户设置。它们分别用作为第一个和第二个协程所实现函数的参数：

```
if __name__ == "__main__":
    num1 = int(sys.argv[1])
    num2 = int(sys.argv[2])
```

（6）下面得到事件循环：

```
loop = asyncio.get_event_loop()
```

（7）在这里，future 由 asyncio.Future 函数定义：

```
future1 = asyncio.Future()
future2 = asyncio.Future()
```

（8）包含在 tasks 列表中的两个协程（first_couroutine 和 second_couroutine）分别得到 future（future1 和 future2）以及用户定义的参数（num1 和 num2）：

```
tasks = [first_coroutine(future1, num1),
        second_coroutine(future2, num2)]
```

（9）为这些 future 增加了一个回调：

```
future1.add_done_callback(got_result)
future2.add_done_callback(got_result)
```

（10）然后，将 tasks 列表增加到事件循环，从而开始计算：

```
loop.run_until_complete(asyncio.wait(tasks))
loop.close()
```

5.5.3　工作原理

在 main 程序中，通过使用 asyncio.Future（）函数，我们分别定义了 future 对象 future1 和 future2：

```
if __name__ == "__main__":
        future1 = asyncio.Future()
        future2 = asyncio.Future()
```

定义 tasks 时，传入这些 future 对象作为两个协程（first_couroutine 和 second_couroutine）的参数：

```
tasks = [first_coroutine(future1,num1),
         second_coroutine(future2,num2)]
```

最后，增加 future 完成时运行的一个回调：

```
future1.add_done_callback(got_result)
future2.add_done_callback(got_result)
```

在这里，got_result 是一个打印 future 结果的函数：

```
def got_result(future):
    print(future.result())
```

在协程中，我们传入 future 对象作为一个参数。计算之后，为第一个协程设置 3 秒的休眠（sleep）时间，第二个协程的休眠时间设置为 4 秒：

```
yield from asyncio.sleep(sleep_time)
```

通过提供不同的值执行以下命令，可以得到下面的输出：

```
> python asyncio_and_futures.py 1 1
First coroutine (sum of N integers) result = 1
Second coroutine (factorial) result = 1

> python asyncio_and_futures.py 2 2
First coroutine (sum of N integers) result = 2
Second coroutine (factorial) result = 2

> python asyncio_and_futures.py 3 3
First coroutine (sum of N integers) result = 6
Second coroutine (factorial) result = 6

> python asyncio_and_futures.py 5 5
First coroutine (sum of N integers) result = 15
Second coroutine (factorial) result = 120

> python asyncio_and_futures.py 50 50
First coroutine (sum of N integers) result = 1275
Second coroutine (factorial) result =
30414093201713378043612608166064768844377641568960512000000000000
First coroutine (sum of N integers) result = 1275
```

5.5.4　相关内容

只需要交换协程的休眠时间：在 first_coroutine 定义中使用 yield from asyncio.sleep

（2），而在 second_coroutine 定义中使用 yield from asyncio. sleep（1），就可以把输出结果反过来，也就是说，首先得到 second_coroutine 的输出。如下所示：

```
> python asyncio_and_future.py 1 10
second coroutine (factorial) result = 3628800
first coroutine (sum of N integers) result = 1
```

5.5.5　参考资料

关于 asyncio 和 future 的更多内容可以参见 https：//www. programcreek. com/python/example/102763/asyncio. futures。

第 6 章　分布式 Python

这一章将介绍实现分布式计算的一些重要的 Python 模块。具体地，我们将介绍 socket 模块，这个模块允许你通过客户 - 服务器模型实现简单的分布式应用。

然后，我们会介绍 Celery 模块，这是一个强大的 Python 框架，可以用来管理分布式任务。最后，我们会介绍 Pyro4 模块，这个模块允许调用不同进程中使用的方法，这些进程很有可能在不同的机器上。

这一章中，我们会介绍以下技巧：

- 分布式计算介绍。
- 使用 Python socket 模块。
- 使用 Celery 的分布式任务管理。
- 使用 Pyro4 实现远程方法调用（RMI）。

6.1　分布式计算介绍

并行和分布式计算是类似的两个技术，都设计用来提高完成一个特定任务的处理能力。一般地，会使用这些方法来解决需要很大计算能力的问题。

问题划分为多个小问题时，可以由多个处理器同时计算问题的各个部分。对于这个问题，相对于单个处理器提供的计算能力，这样就能得到更大的处理能力。

并行和分布式处理的主要区别是，并行配置是在一个系统中包含多个处理器，而分布式配置是同时利用多个计算机的处理能力。

下面来看其他区别：

并行处理	分布式处理
并行处理的优点是可以在冗余度很低的条件下提供可靠的处理能力	从处理器与处理器之间的通信来看，分布式处理并不特别高效，因为数据必须通过网络传递而不是通过一个系统中的内部连接
通过将所有处理能力都集中在一个系统中，由于数据传输带来的速度损失可以减至最小	与并行系统中的处理器相比，分布式系统中每个处理器贡献的处理能力要少得多，因为数据传输会产生一个瓶颈而限制处理能力
唯一的实际限制是系统中使用的处理器个数	分布式系统几乎可以无限地扩展，因为对于分布式系统中的处理器数量没有一个具体的上限

不过，在计算机应用领域，通常会区分本地和分布式体系结构：

本地体系结构	分布式体系结构
所有组件都在同一个机器上	应用和组件可以位于通过一个网络连接的不同节点上

使用分布式计算的好处主要是可以并发地使用程序、数据的集中化以及处理负载的分布，所有这些的代价是有更大的复杂性，特别是各个组件之间的通信。

6.2 分布式应用的类型

分布式应用可以根据分布程度来分类：
- 客户－服务器应用。
- 多层应用。

6.2.1 客户－服务器应用

这种应用中只有两层，操作完全在服务器上完成。举例来说，可以考虑传统的静态或动态网站。实现这种应用的工具是网络套接字（socket），可以用很多不同的语言实现 socket 编程，包括 C, C++, Java，当然还有 Python。

客户－服务器系统（*client-server system*）一词是指，在这样一个网络体系结构中，通常有一个客户计算机或客户终端连接到一个服务器来使用某个服务，例如，与其他客户共享某个硬件/软件资源，或者依赖于底层协议架构。

6.2.1.1 客户－服务器体系结构

作为一个系统，客户－服务器体系结构处理逻辑和数据都是分布的。这个体系结构的中心元素是服务器。可以从逻辑角度以及物理角度来考虑服务器。从物理角度，也就是从硬件角度来看，服务器是一个专门用于运行软件服务器的机器。

从逻辑角度来看，服务器是软件。作为一个逻辑进程，服务器要为其他进程提供服务，那些进程相当于请求者或客户。一般地，在客户请求结果之前，服务器不会将结果发送给请求者。

客户与服务器相区别的一个特点是，客户可以启动与服务器之间的一个事务，而服务器永远不会作为发起方启动与客户的一个事务。

实际上，客户的具体任务就是启动事务、请求特定的服务、通知服务完成，以及从服务器接收结果，如图 6-1 所示。

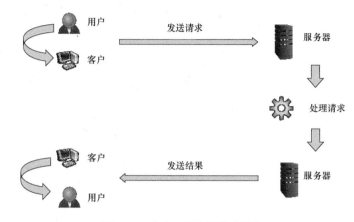

图 6-1　客户-服务器体系结构

6.2.1.2　客户-服务器通信

客户与服务器之间的通信可以在操作系统（OS）级应用间使用多种机制完成（从基于地理位置到局域网，直到通信服务）。另外，客户-服务器体系结构必须独立于客户和服务器之间的物理连接方法。

需要指出，客户-服务器进程不一定必须位于物理上不同的系统中。实际上，服务器进程和客户进程可以在同一个计算平台上。

在数据管理方面，客户-服务器体系结构的主要目的是允许客户应用访问服务器管理的数据。服务器（在逻辑上可以理解为软件）通常在一个远程系统上运行（例如，在另一个城市或一个局域网上）。

因此，客户-服务器应用通常与分布式处理相关。

6.2.1.3　TCP/IP 客户-服务器体系结构

TCP/IP 连接在两个应用之间建立了一个点对点的连接。这个连接的两端由一个 IP 地址（标识工作站）和一个端口号来标识，这样就可以有多个连接来连接同一个工作站上不同的独立应用。

一旦建立了连接，可以根据协议在这个连接上交换数据，底层 TCP/IP 协议负责从连接的一端将数据发送到另一端，数据会划分为数据包传送。具体地，TCP 协议处理数据包的组装和拆分，并管理握手来保证连接的可靠性，而 IP 协议负责传输单个数据包，并选择数据包在网络中传输的最佳路由。

这个机制是 TCP/IP 协议健壮性的基础，更进一步，这也是这个协议在军事领域（AR-

PANET）得到发展的原因之一。

现有的很多标准应用（如 Web 浏览器、文件传输和 email）使用了一些标准化的应用协议，如 HTTP、FTP、POP3、IMAP 和 SMTP。

每个特定客户 - 服务器应用必须定义和使用自己的专用应用协议。这可能包括按固定大小的块交换数据（这是最简单的解决方案）。

6.2.2　多层应用

这些应用中有更多层来减轻服务器的处理负载。实际上，会划分服务器端的功能，使得提供应用界面的客户部分的特性大体保持不变。这种体系结构的一个例子是三层模型，将结构划分为 3 层或 3 个层次：

- 前端或表示层或界面。
- 中层或应用逻辑。
- 后端或数据层或持久数据管理。

这些通常是 web 应用的术语。更一般的，这可以表示适用于任何软件应用的 3 层划分，具体如下：

- **表示层（Presentation Layer，PL）**：这是用户界面所需的数据可视化部分（如输入模块和控件）。
- **业务逻辑层（Business Logic Layer，BLL）**：这是应用的主要部分，定义了不同实体和它们的关系，这独立于用户可用的表示方法和归档的保存方法。
- **数据访问层（Data Access Layer，DAL）**：这包含管理持久数据所需的所有内容（实际上就是数据库管理系统）。

这一章会介绍 Python 为实现分布式体系结构提供的一些解决方案。首先我们会介绍 socket 模块，利用这个模块，我们将实现基本客户 - 服务器模型的一些例子。

6.3　使用 Python socket 模块

套接字（socket）是一个软件对象，允许在远程主机之间（通过网络）或者在本地进程之间发送和接收数据，如**进程间通信（Inter - Process Communication，IPC）**。

socket 是 Berkeley 作为 **BSD Unix** 项目的一部分发明的。socket 完全基于 UNIX 文件的输入和输出管理模型。实际上，打开、读、写和关闭 socket 的操作与 UNIX 文件的管理方式相同，不过需要考虑一个区别，即通信使用的参数，如地址、端口号和协议。

socket 技术的成功和广泛传播与互联网的发展紧密相关。实际上，socket 与互联网的结合使得任何类型的通信和/或分布在世界上任何地方的不同机器之间的通信变得极其容易（至少与其他系统相比）。

6.3.1 准备工作

socket Python 模块使用 **BSD**（**Berkeley Software Distribution** 的简写，伯克利软件套装）socket 接口为网络通信提供了一些底层 C API。

这个模块包括 Socket 类，它包含一些主要方法来管理以下任务：

- socket（［family［，type［，protocol］］］）：使用以下值作为参数建立一个 socket：
- 协议簇（family）地址，这可以是 AF_INET（默认）、AF_INET6 或 AF_UNIX。
- socket 类型（type），可以是 SOCK_STREAM（默认）、SOCK_DGRAM 或者可能是另外某个"SOCK_" 常量。
- 协议（protocol）号，这通常为 0。
- gethostname（）：返回机器的当前 IP 地址。
- accept（）：返回（conn 和 address）值对，其中 conn 是一个 socket 类型对象（在连接上发送/接收数据），address 是这个连接另一端的 socket 的地址。
- bind（address）：将 socket 与服务器地址（address）关联。

> 历史上这个方法接受一对表示 AF_INET 地址的参数而不是一个元组。
> - close（）：提供一个选择，可以在与客户的通信完成时清理连接。这会关闭 socket，并由垃圾回收器回收。
> connect（address）：将一个远程 socket 连接到一个地址。这个 address 格式取决于协议簇地址。

6.3.2 实现过程

在下面的例子中，服务器要监听一个默认端口，另外通过一个 TCP/IP 连接，服务器会向客户发送建立这个连接的日期和时间。

下面是服务器实现（server.py）：

（1）导入相关的 Python 模块：

```
import socket
import time
```

（2）使用给定的地址、socket 类型和协议号创建一个新的 socket：

```
serversocket = socket.socket(socket.AF_INET,socket.SOCK_STREAM)
```

（3）得到本机名（host）：

```
host = socket.gethostname()
```

（4）设置端口号（port）：

```
port = 9999
```

（5）将这个 socket 连接（绑定）到 host 和 port：

```
serversocket.bind((host,port))
```

（6）监听与这个 socket 的连接。参数 5 指定了队列中的最大连接数。最大值取决于系统
（通常为 5），最小值总是 0：

```
serversocket.listen(5)
```

（7）建立一个连接：

```
while True:
```

（8）然后，接受这个连接。返回值是一个（conn，address）对，其中 conn 是一个新的
socket 对象，用来发送和接收数据，address 是连接到这个 socket 的地址。一旦接受，会创建
一个新 socket，它有自己的标识符。这个新 socket 只用于这个特定的客户：

```
clientsocket,addr = serversocket.accept()
```

（9）打印所连接的地址和端口：

```
print ("Connected with[addr],[port] % s" % str(addr))
```

（10）计算 currentTime：

```
currentTime = time.ctime(time.time()) + "\r\n"
```

（11）以下语句中，这个新 socket 要发送数据，会返回所发送的字节数：

```
clientsocket.send(currentTime.encode('ascii'))
```

（12）下面的语句指示关闭这个 socket（也就是关闭通信通道）；这个 socket 上所有后续
操作都会失败。socket 被拒绝时会自动关闭，但通常都建议用 close（）操作将其关闭：

```
clientsocket.close()
```

客户的代码（client.py）如下：

（1）导入 socket 库：

```
import socket
```

（2）然后创建 socket 对象：

```
s = socket.socket(socket.AF_INET,socket.SOCK_STREAM)
```

（3）得到本机名（host）：

```
host = socket.gethostname()
```

（4）设置端口号（port）：

```
port = 9999
```

（5）建立与 host 和 port 的连接：

```
s.connect((host,port))
```

 可接收的最大字节数不超过 1024 字节：（tm＝s.recv（1024））。

（6）现在关闭连接，最后打印与服务器的连接时间：

```
s.close()
print ("Time connection server:% s" % tm.decode('ascii'))
```

6.3.3　工作原理

客户和服务器会创建各自的 socket，服务器在一个端口上监听。客户向服务器做出一个连接请求。需要指出，可以有两个不同的端口号，因为一个可以只用于流出的通信流，而另一个只用于流入的通信流。这取决于主机配置。

基本说来，客户的本地端口不一定要与服务器的远程端口一致。服务器接收请求，如果接受了这个请求，会创建一个新连接。然后客户和服务器会通过客户 socket 与服务器之间的一个虚拟通道通信，这个通道是专门为这个数据 socket 连接上的数据流创建的。

后面会介绍使用流 socket 通信的各个阶段，正如其中的第一个阶段中提到的，服务器会创建数据 socket，因为服务器上的第一个 socket 完全用于管理请求。因此，可以有多个客户使用服务器为它们创建的数据 socket 与服务器通信。TCP 协议是面向连接的，这说明，如果不再需要通信，客户会告诉服务器，然后关闭连接。

要运行这个例子，首先执行服务器：

C:\>python server.py

然后，执行客户（在一个不同的 Windows 终端中）：

C:\>python client.py

服务器上的结果会报告连接的地址（addr）和端口（port）：

```
Connected with[addr],[port]('192.168.178.11', 58753)
```

在客户端，结果应当如下：

```
Time connection server:Sun Mar 31 20:59:38 2019
```

6.3.4　相关内容

只需要对前面的代码稍做修改，就能创建一个完成文件传输的简单客户‐服务器应用。服务器实例化一个 socket，等待来自客户的连接。一旦连接到服务器，客户与服务器开始传输数据。

所传输的数据（在 mytext.txt 文件中）会逐字节地复制，并通过 conn.send 函数调用发送到客户。然后客户接收这个数据，把它写至第二个文件 received.txt。

client2.py 的源代码如下：

```python
import socket
s = socket.socket()
host = socket.gethostname()
port = 60000
s.connect((host,port))
s.send('HelloServer!'.encode())
with open('received.txt','wb') as f:
    print ('file opened')
    while True :
    print ('receiving data...')
    data = s.recv(1024)
    if not data:
        break
    print ('Data = >',data.decode())
    f.write(data)
f.close()
print ('Successfully get the file')
s.close()
print ('connection closed')
```

下面是 server2.py 的代码：

```python
import socket
port = 60000
```

```
s = socket.socket()
host = socket.gethostname()
s.bind((host,port))
s.listen(15)
print('Server listening....')
while True :
    conn,addr = s.accept()
    print ('Got connection from',addr)
    data = conn.recv(1024)
    print ('Server received',repr(data.decode()))
    filename = 'mytext.txt'
    f = open(filename,'rb')
    l = f.read(1024)
    while True:
        conn.send(l)
        print ('Sent',repr(l.decode()))
        l = f.read(1024)
        f.close()
        print ('Done sending')
        conn.send('->Thank you for connecting'.encode())
        conn.close()
```

socket 类型

可以区分以下 3 种类型的 socket，它们分别有不同的连接模式：

- **流 socket（stream socket）**：这些是面向连接的 socket，基于 TCP 或 SCTP 等可靠的协议。
- **数据报 socket（datagram socket）**：这些不是面向连接的 socket（无连接），基于快速但不可靠的 UDP 协议。
- **原始 socket（raw socket）**（raw IP）：绕过传输层，可以在应用层访问首部。

流 socket

这里只详细介绍这种类型的 socket。基于 TCP 等传输层协议，这种 socket 可以保证一个全双工和面向连接的通信，流的字节数可变。

通过这个 socket 的通信包括 4 个阶段：

（1）**创建 socket**：客户和服务器分别创建它们各自的 socket，服务器在一个端口上监听。由于服务器可以与不同的客户创建多个连接（与同一个客户也可以创建多个连接），所以它需要一个队列来处理各个请求。

（2）**请求连接**：客户请求与服务器连接。注意，可以有不同的端口号，因为一个端口可以只用于流出的通信流，另一个只用于流入的通信流。这取决于主机配置。基本说来，客户的本地端口不一定要与服务器的远程端口一致。服务器接收请求，如果接受了这个请求，会创建一个新连接。在图 6-2 中，客户 socket 的端口为 8080，而对于服务器 socket，它的端口为 80。

（3）**通信**：现在，客户和服务器通过客户 socket 与一个新 socket（服务器端）之间的一个虚拟通道开始通信，这个通道是专门为这个连接的数据流创建的，这个新 socket 是一个数据 socket。在第一个阶段中提到，因为第一个 socket 只用于管理请求，服务器会创建这个数据 socket。因此，可以有多个客户与服务器通信，即每个客户分别与服务器专门为它们创建的数据 socket 通信。

（4）**关闭连接**：由于 TCP 是一个面向连接的协议，不再需要通信时，客户会告诉服务器，这会撤销数据 socket。

通过流 socket 完成的各个通信阶段如图 6-2 所示。

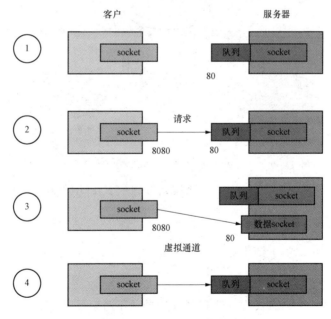

图 6-2　流 socket 通信阶段

6.3.5　参考资料

关于 Python socket 的更多信息参见 https：//docs. python. org/3/howto/sockets. html。

6.4   使用 Celery 的分布式任务管理

Celery 是一个 Python 框架，采用面向对象的中间件方法管理分布式任务。它的主要特点是处理多个小任务，并把它们分布在多个计算节点上。最后，再处理各个任务的结果来组合总的解决方案。

要使用 Celery，需要一个消息代理（message broker）。这是一个独立的（独立于 Celery）软件组件，会提供中间件功能，用来向分布式任务工作节点发送和接收消息。

实际上，消息代理（也称为消息中间件）会处理一个通信网络中的消息交换：这种中间件的寻址机制不再是点对点类型，而是面向消息的寻址。

消息代理管理消息交换所用的参考体系结构基于所谓的发布/订阅模式，如图 6-3 所示。

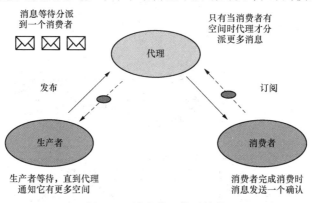

图 6-3   消息代理体系结构

Celery 支持多种类型的代理。不过，比较完备的是 RabbitMQ 和 Redis。

6.4.1   准备工作

要安装 Celery，可以如下使用 pip 安装工具：

```
C:\>pip install celery
```

然后，必须安装一个消息代理。这有多种选择，不过对于我们的例子，推荐安装以下链接的 RabbitMQ（http：//www.rabbitmq.com/download.htm）。

 RabbitMQ 是一个面向消息的中间件，实现了**高级消息排队协议**（**Advanced Message Queuing Protocol，AMQP**）。RabbitMQ 服务器用 Erlang 编程语言编写，所以要安装 RabbitMQ，需要下载并安装 Erlang（http：//www.erlang.org/download.html）。

相关步骤如下：

（1）要检查 celery 安装，首先启动消息代理（例如 RabbitMQ）。然后键入以下命令：

```
C:\>celery — version
```

（2）输出指示了 celery 的版本，如下所示：

4.2.2（Windowlicker）

接下来，我们来看如何使用 celery 模块创建和调用一个任务。

celery 提供了以下两个方法来完成一个任务调用：

- apply _ async（args [，kwargs [，...]]）：这会发送一个任务消息。
- delay（＊args，＊＊kwargs）：这是发送一个任务消息的快捷方式，不过不支持执行选项。

 delay 方法更易于使用，因为它作为一个常规函数（**regular function**）来调用：task. delay（arg1，arg2，kwarg1＝'x'，kwarg2＝'y'）。不过，对于 apply _ async，它的语法是：task. apply _ async（args＝ [arg1，arg2] kwargs＝ {'kwarg1': 'x', 'kwarg2': 'y'}）。

Windows 设置

要在一个 Windows 环境中使用 Celery，必须完成以下过程：

（1）进入 **System Properties** │ **Environment Variables** │ **User or System variables** │ **New**。

（2）设置下面的值：

变量名：FORKED _ BY _ MULTIPROCESSING

变量值：1

这个设置的原因是因为 Celery 依赖于 billiard 包（https：//github. com/celery/billiard），而它使用了 FORKED _ BY _ MULTIPROCESSING 变量。

关于 Celery 的 Windows 设置，更多内容参见 https：//www. distributedpython. com/2018/08/21/celery - 4 - windows/ 。

6.4.2　实现过程

这里的任务是两个数求和。要完成这个简单的任务，我们必须编写 addTask. py 和 add-Task _ main. py 脚本文件：

（1）对于 addTask. py，首先如下导入 Celery 框架：

```
from celery import Celery
```

（2）然后定义任务。在我们的例子中，这个任务是对两个数求和：

```
app = Celery('tasks', broker = 'amqp://guest@localhost//')
@app. task
def add(x, y):
    return x + y
```

（3）下面在 addtask＿main. py 中导入之前定义的 addTask. py 文件：

addtask_main. py：

```
import addTask
```

（4）然后，调用 addTask. py 计算两个数的求和：

```
if __name__ == '__main__':
    result = addTask. add. delay(5,5)
```

6.4.3　工作原理

要使用 Celery，首先要做的就是运行 RabbitMQ 服务，然后执行 Celery 工作服务器（也就是 addTask. py 脚本文件），为此要键入以下命令：

```
C:\>celery - A addTask worker — loglevel = info
```

输出如下：

```
Microsoft Windows [Versione 10. 0. 17134. 648]
(c) 2018 Microsoft Corporation. Tutti i diritti sono riservati.

C:\Users\Giancarlo>cd C:\Users\Giancarlo\Desktop\Python Parallel
Programming CookBook 2nd edition\Python Parallel Programming NEW
BOOK\chapter_6 - Distributed Python\esempi

C:\Users\Giancarlo\Desktop\Python Parallel Programming CookBook 2nd
edition\Python Parallel Programming NEW BOOK\chapter_6 - Distributed
Python\esempi>celery - A addTask worker — loglevel = info


 ——————— celery@pc - giancarlo v4. 2. 2 (windowlicker)
—— **** ———
—— * *** * —— Windows - 10. 0. 17134 2019 - 04 - 01 21:32:37
—— * - **** ——
- ** ——————— [config]
- ** ——————— . > app: tasks:0x1deb8f46940
```

```
- **  ———————.> transport: amqp://guest: ** @localhost:5672//
- **  ———————.> results: disabled://
- ***  — * —.> concurrency: 4 (prefork)
— *******  ———.> task events: OFF (enable - E to monitor tasks in this
worker)
— *****  ———
——————— [queues]
          .> celery exchange = celery(direct) key = celery

[tasks]
  . addTask.add


[2019 - 04 - 01 21:32:37,650: INFO/MainProcess] Connected to
amqp://guest: ** @127.0.0.1:5672//
[2019 - 04 - 01 21:32:37,745: INFO/MainProcess] mingle: searching for neighbors
[2019 - 04 - 01 21:32:39,353: INFO/MainProcess] mingle: all alone
[2019 - 04 - 01 21:32:39,479: INFO/SpawnPoolWorker - 2] child process 10712
calling self.run()
[2019 - 04 - 01 21:32:39,512: INFO/SpawnPoolWorker - 3] child process 10696
calling self.run()
[2019 - 04 - 01 21:32:39,536: INFO/MainProcess] celery@pc - giancarlo ready.
[2019 - 04 - 01 21:32:39,551: INFO/SpawnPoolWorker - 1] child process 6084
calling self.run()
[2019 - 04 - 01 21:32:39,615: INFO/SpawnPoolWorker - 4] child process 2080
calling self.run()
```

然后，使用 Python 启动第二个脚本：

```
C:\>python addTask_main.py
```

最后，在第一个 Command Prompt 中会有以下结果：

```
[2019 - 04 - 01 21:33:00,451: INFO/MainProcess] Received task:
addTask.add[6fc350a9 - e925 - 486c - bc41 - c239ebd96041]
[2019 - 04 - 01 21:33:00,452: INFO/SpawnPoolWorker - 2] Task
addTask.add[6fc350a9 - e925 - 486c - bc41 - c239ebd96041] succeeded in 0.0s: 10
```

可以看到，结果为 10。我们重点来看第一个脚本 addTask.py：在前两行代码中，我们创建了一个 Celery 应用实例，它使用 RabbitMQ 服务代理：

```
from celery import Celery
```

```
app = Celery('addTask', broker = 'amqp://guest@localhost//')
```

Celery 函数中的第一个参数是当前模块名（addTask.py），第二个参数是代理参数，这指示了用来连接代理（RabbitMQ）的 URL。

下面来介绍要完成的任务。

各个任务必须用@app.task 注解（也就是修饰符）来增加，修饰符帮助 Celery 确定可以调度任务队列中的哪些函数。

在修饰符后面，创建了工作服务器要执行的任务。这是一个简单的函数，完成两个数求和：

```
@app.task
def add(x, y):
    return x + y
```

在第二个脚本 addTask_main.py 中，使用 delay() 方法调用我们的任务：

```
if __name__ == '__main__':
    result = addTask.add.delay(5,5)
```

要记住，这个方法是 apply_async() 方法的一个快捷方式，apply_async() 方法还允许对任务执行有更多控制。

6.4.4　相关内容

Celery 使用非常简单。可以使用以下命令来执行：

```
Usage：celery <command> [options]
```

这里的选项如下：

```
positional arguments：
  args

optional arguments：
  -h, —help         show this help message and exit
  —version          show program's version number and exit

Global Options：
-A APP, —app APP
-b BROKER, —broker BROKER
—result-backend RESULT_BACKEND
—loader LOADER
—config CONFIG
```

— workdir WORKDIR

— no – color，– C

— quiet，– q

主要命令如下：

+ Main：
| celery worker
| celery events
| celery beat
| celery shell
| celery multi
| celery amqp

+ Remote Control：
| celery status

| celery inspect — help
| celery inspect active
| celery inspect active_queues
| celery inspect clock
| celery inspect conf [include_defaults = False]
| celery inspect memdump [n_samples = 10]
| celery inspect memsample
| celery inspect objgraph [object_type = Request] [num = 200 [max_depth = 10]]
| celery inspect ping
| celery inspect query_task [id1 [id2 [... [idN]]]]
| celery inspect registered [attr1 [attr2 [... [attrN]]]]
| celery inspect report
| celery inspect reserved
| celery inspect revoked
| celery inspect scheduled
| celery inspect stats

| celery control — help
| celery control add_consumer <queue> [exchange [type [routing_key]]]
| celery control autoscale [max [min]]
| celery control cancel_consumer <queue>
| celery control disable_events

```
| celery control election
| celery control enable_events
| celery control heartbeat
| celery control pool_grow [N = 1]
| celery control pool_restart
| celery control pool_shrink [N = 1]
| celery control rate_limit <task_name> <rate_limit (e. g. , 5/s | 5/m |
5/h)>
| celery control revoke [id1 [id2 [... [idN]]]]
| celery control shutdown
| celery control terminate <signal> [id1 [id2 [... [idN]]]]
| celery control time_limit <task_name> <soft_secs> [hard_secs]

+ Utils：
| celery purge
| celery list
| celery call
| celery result
| celery migrate
| celery graph
| celery upgrade

+ Debugging：
| celery report
| celery logtool

+ Extensions：
| celery flower
```

Celery 协议可以使用任何语言利用 Webhooks（https：//developer. github. com/web-hooks/）来实现。

6.4.5　参考资料

- 有关 Celery 的更多内容参见 http：//www. celeryproject. org/。
- 推荐的消息代理（https：//en. wikipedia. org/wiki/Message _ broker）为 RabbitMQ（https：//en. wikipedia. org/wiki/RabbitMQ）或 Redis（https：//en. wikipedia. org/wiki/Redis）。

另外，还有 MongoDB（https：//en. wikipedia. org/wiki/MongoDB）、Beanstalk、Amazon SQS
（https：//en. wikipedia. org/wiki/Amazon _ Simple _ Queue _ Service）、CouchDB（https：//
en. wikipedia. org/wiki/Apache _ CouchDB）和 IronMQ（https：//www. iron. io/mq）。

6.5　使用 Pyro4 实现 RMI

Pyro 是 **Python 远程对象（Python Remote Objects**）的简写。它的做法类似于 Java **远程方
法调用（Remote Method Invocation，RMI）**，允许调用一个远程对象（属于一个不同的进程）
的方法，就好像这个对象是本地的一样（属于运行这个调用的同一个进程）。

面向对象系统中通过使用 RMI 机制，可以为项目带来一些显著的好处，如统一性和对称
性，因为通过这种机制，允许使用相同的概念工具对分布式进程间的交互建模。

从图 6 - 4 可以看到，Pyro4 支持对象采用一种客户/服务器方式分布；这意味着 Pyro4 系
统的主要部分可以从一个客户调用者切换为一个远程对象，调用它来执行一个函数。

要指出重要的一点，在远程调用期间，
总是有两个不同的部分：一个客户和一个
服务器，服务器要接受和执行客户调用。

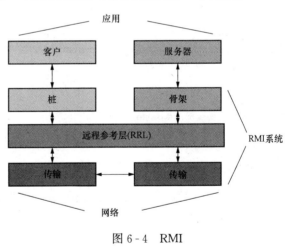

6.5.1　准备工作

Pyro4 提供了采用一种分布式方式管
理这个机制的方法。要安装最新版本的
Pyro4，可以使用 pip 安装工具（这里使
用 Windows 安装）并执行以下命令：

```
C:\>pip install Pyro4
```

这一节我们要使用 pyro _ server. py
和 pyro _ client. py 代码。

图 6 - 4　RMI

6.5.2　实现过程

在这个例子中，我们将了解如何使用 Pyro4 中间件建立和使用简单的客户 - 服务器通信。
服务器的代码为 pyro _ server. py：

（1）导入 Pyro4 库：

```
import Pyro4
```

（2）定义 Server 类，其中包含 welcomeMessage（）方法，这是要对外提供的方法：

```
class Server(object):
    @Pyro4.expose
    def welcomeMessage(self, name):
        return ("Hi welcome " + str (name))
```

 注意修饰符@Pyro4.expose，这表示前面的方法可以远程访问。

（3）startServer 函数包含用来启动服务器的所有指令：

```
def startServer():
```

（4）接下来，建立 Server 类的 server 实例：

```
server = Server()
```

（5）然后，定义 Pyro4 守护进程：

```
daemon = Pyro4.Daemon()
```

（6）要执行这个脚本，必须运行一个 Pyro4 语句得到一个命名服务器：

```
ns = Pyro4.locateNS()
```

（7）注册服务器对象（server）作为 *Pyro* 对象；它只在 Pyro 守护进程中有效：

```
uri = daemon.register(server)
```

（8）现在可以在命名服务器中用一个名注册这个服务器对象：

```
ns.register("server", uri)
```

（9）在这个函数的最后，调用守护进程实例的 requestLoop 方法。这会启动服务器的事件循环，并等待调用：

```
print("Ready. Object uri = ", uri)
daemon.requestLoop()
```

（10）最后，通过 main 程序调用 startServer：

```
if __name__ == "__main__":
    startServer()
```

下面是客户的代码（pyro_client.py）：

（1）导入 Pyro4 库：

```
import Pyro4
```

（2）Pyro4 API 允许开发人员以一种透明的方式分布对象。在这个例子中，客户脚本向服务器程序发送请求来执行 welcomeMessage（）方法：

```
uri = input("What is the Pyro uri of the greeting object?
").strip()
name = input("What is your name? ").strip()
```

（3）然后创建远程调用：

```
server = Pyro4.Proxy("PYRONAME:server")
```

（4）最后，客户调用服务器，打印一个消息：

```
print(server.welcomeMessage(name))
```

6.5.3　工作原理

前面的例子包括两个主要脚本：pyro_server.py 和 pyro_client.py。

在 pyro_server.py 中，Server 类提供了 welcomeMessage（）方法，它返回一个字符串，会在客户会话中插入名字：

```
class Server(object):
    @Pyro4.expose
    def welcomeMessage(self, name):
        return ("Hi welcome " + str(name))
```

Pyro4 使用守护进程对象将到来的调用分派给适当的对象。服务器必须只创建一个守护进程来管理实例的所有调用。每个服务器有一个守护进程，它知道服务器提供的所有 Pyro 对象：

```
daemon = Pyro4.Daemon()
```

对于 pyro_client.py，首先完成远程调用，创建一个 Proxy 对象。具体地，Pyro4 客户使用代理对象将方法调用转发到远程对象，然后把结果传回调用代码：

```
server = Pyro4.Proxy("PYRONAME:server")
```

为了执行一个客户 - 服务器通信，需要运行一个 Pyro4 命名服务器。在 Command Prompt 中，键入以下命令：

```
C:\>python -m Pyro4.naming
```

之后，你会看到以下消息：

```
Not starting broadcast server for localhost.
NS running on localhost:9090 (127.0.0.1)
Warning: HMAC key not set. Anyone can connect to this server!
URI = PYRO:Pyro.NameServer@localhost:9090
```

以上消息表示命名服务器已经在你的网络中运行。最后，可以在两个单独的 Windows 控制台中启动服务器和客户脚本：

（1）要运行 pyro _ server. py，只需要键入以下命令：

```
C:\>python pyro_server.py
```

（2）之后可以看到类似这样的显示：

```
Ready. Object uri =
PYRO:obj_76046e1c9d734ad5b1b4f6a61ee77425@localhost:63269
```

（3）然后键入以下命令运行客户：

```
C:\>python pyro_client.py
```

（4）会打印以下消息：

```
What is your name?
```

（5）插入一个名字（例如，Ruvika）：

```
What is your name? Ruvika
```

（6）会显示下面的欢迎消息：

```
Hi welcome Ruvika
```

6.5.4　相关内容

在 Pyro4 的众多特性中，有一个特性是创建对象拓扑。例如，假设我们想建立一个遵循链拓扑的分布式体系结构，如图 6-5 所示。

客户向服务器 1 发出一个请求，这个请求转发到服务器 2，然后再调用服务器 3。服务器 3 调用服务器 1 时，这个调用链结束。

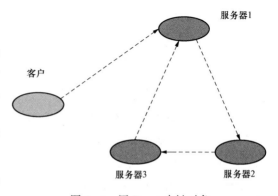

图 6-5　用 Pyro4 串链对象

实现链拓扑

要使用 Pyro4 实现一个链拓扑，需要实现一个 chain 对象以及 client 和 server 对象。Chain 类允许将调用重定向到下一个服务器，为此要处理输入消息，并重新构造服务器地址，将请求转发到这个新地址。

另外在这种情况下，还要注意@Pyro4. expose 修饰符，它允许对外提供这个类（chainTopology. py）的所有方法：

```python
import Pyro4

@Pyro4. expose
class Chain(object):
    def __init__(self, name, next_server):
        self. name = name
        self. next_serverName = next_server
        self. next_server = None
    def process(self, message):
        if self. next_server is None:
            self. next_server = Pyro4. core. Proxy("PYRONAME:example. \
                chainTopology. " + self. next_serverName)
```

如果链结束（从 server_chain_3. py 到 server_chain_1. py 的最后一个调用完成），会打印一个结束消息：

```python
if self. name in message:
    print("Back at % s;the chain is closed!" % self. name)
    return ["complete at " + self. name]
```

如果链中还有下一个元素，会打印一个转发消息：

```python
else:
    print("% s forwarding the message to the object % s" % \
        (self. name, self. next_serverName))
    message. append(self. name)
    result = self. next_server. process(message)
    result. insert(0, "passed on from " + self. name)
    return result
```

接下来是客户的源代码（client_chain. py）：

```
import Pyro4

obj = Pyro4.core.Proxy("PYRONAME:example.chainTopology.1")
print("Result = %s" % obj.process(["hello"]))
```

然后是第一个服务器（即 server_1）的源代码，这是链中从客户（client_chain.py）调用的第一个服务器。在这里，要导入相关的库。

注意，要导入之前定义的 chainTopology.py 文件：

```
import Pyro4
import chainTopology
```

还要指出，这些服务器的源代码只是当前服务器和链中下一个服务器的定义有所不同：

```
current_server = "1"
next_server = "2"
```

其余代码行定义了与链中下一个元素的通信：

```
servername = "example.chainTopology." + current_server
daemon = Pyro4.core.Daemon()
obj = chainTopology.Chain(current_server, next_server)
uri = daemon.register(obj)
ns = Pyro4.locateNS()
ns.register(servername, uri)
print("server_%s started " % current_server)
daemon.requestLoop()
```

要执行这个例子，首先运行 Pyro4 命名服务器：

```
C:\>python -m Pyro4.naming
Not starting broadcast server for localhost.
NS running on localhost:9090 (127.0.0.1)
Warning: HMAC key not set. Anyone can connect to this server!
URI = PYRO:Pyro.NameServer@localhost:9090
```

在 3 个不同终端中运行 3 个服务器，分别键入以下命令（这里使用 Windows 终端）：
在第一个终端中运行第一个服务器（server_chain_1.py）：

```
C:\>python server_chain_1.py
```

然后在第二个终端中运行第二个服务器（server_chain_2.py）：

```
C:\>python server_chain_2.py
```

最后在第三个终端中运行第三个服务器 (server _ chain _ 3. py)：

C:\\>python server_chain_3. py

再在另一个终端中运行 client _ chain. py 脚本：

C:\\>python client_chain. py

Command Prompt 中显示的输出如下：

Result = ['passed on from 1','passed on from 2','passed on from 3','complete at 1']

前面的消息显示了请求经过 3 个服务器转发后，最后任务在 server _ chain _ 1 上完成。

另外，下面重点考虑请求转发到链中下一个对象时服务器对象的行为（开始消息下面的消息）：

（1）启动 server _ 1，将以下消息转发到 server _ 2：

> **server_1 started**
>
> **1 forwarding the message to the object 2**

（2）server _ 2 将以下消息转发到 server _ 3：

> **server_2 started**
>
> **2 forwarding the message to the object 3**

（3）server _ 3 将以下消息转发到 server _ 1：

> **server_3 started**
>
> **3 forwarding the message to the object 1**

（4）最后，消息返回到起始点（也就是 server _ 1），结束这个链：

> **server_1 started**
>
> **1 forwarding the message to the object 2**
>
> **Back at 1; the chain is closed!**

6.5.5　参考资料

Pyro4 文档参见

https：//buildmedia. readthedocs. org/media/pdf/pyro4/stable/pyro4. pdf。

这个文档包含了 4.75 版本的一个描述和一些应用示例。

第 7 章 云 计 算

云计算（cloud computing）是通过互联网（云）分布计算服务，如服务器、存储资源、数据库、网络、软件、分析和人工智能。这一章的目的是对与 Python 编程语言有关的主要云计算技术提供一个概述。

首先，我们会介绍 PythonAnywhere 平台，将利用这个平台在云上部署 Python 应用。在云计算领域中，我们会介绍两个新兴技术：容器和无服务器技术。

容器（containers）是资源虚拟化的新方法，而无服务器（serverless）技术则在云服务领域迈出了一大步，因为它们可以加快应用的发布。

实际上，你不用操心置备、服务器或基础设施配置，只需要创建可独立于应用操作的函数（即 Lambda 函数）。

这一章中，我们将介绍以下内容：
- 什么是云计算？
- 理解云计算架构。
- 用 PythonAnywhere 开发 Web 应用。
- Docker 化 Python 应用。
- 无服务器计算介绍。

我们还会了解如何利用 AWS Lambda 框架开发 Python 应用。

7.1 什么是云计算？

云计算是一个计算框架，可以基于一组资源分布服务，如虚拟处理、大规模存储和网络通信，这些服务可以动态聚合并作为平台来运行应用，以满足适当级别的服务和优化资源使用效率。

只需要最少的管理工作或与服务提供商的交互就可以得到和快速发布服务。这个云模型包括 5 个基本特征、3 个服务模型和 4 个部署模型。

具体地，5 个基本特征如下（见图 7 - 1）：
- **自由按需访问**：这允许用户通过用户友好的界面访问提供商提供的服务，而无需人的干预。
- **网络的泛在访问**：资源可以在整个网络使用，可以通过标准设备访问，如智能手机、平板电脑和个人计算机。

· **快速弹性**：这是指云能够以一种快速自动的方法增加或减少分配的资源，比如让用户看起来资源好像是无限的。这会为系统提供很好的扩缩性。

· **可计量的服务**：云系统会持续监控所提供的资源，并根据估计使用情况自动进行优化。采用这种方式，客户可以只对特定会话中实际使用的资源付费。

· **资源共享**：提供商通过一个多租户模型提供资源，从而可以根据客户的请求动态分配和重分配资源，并由多个消费者使用。

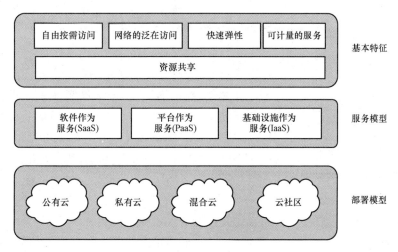

图 7 - 1 云计算主要特点

不过，云计算还有很多定义，每个定义分别有不同的解释和含义。

美国国家标准与技术研究院（*National Institute of Standards and Technology*，**NIST**）提供了一个详细的官方解释（https：//csrc. nist. gov/publications/detail/sp/800 - 145/final）。

另一个特点（NIST 定义中没有列出，但这是云计算的基础）是虚拟化概念。这是指可以在相同的物理资源上执行多个操作系统（OS），这可以提供很多优点，如可扩缩性、减少成本以及可以更快地向客户提供新资源。

实现虚拟化的最常用的方法如下：

· 容器。

· 虚拟机。

就应用的隔离性来而言，这两个解决方案有几乎相同的优点，不过它们处理不同层次的虚拟化，容器会虚拟化操作系统，而虚拟机会虚拟化硬件。这说明容器更可移植，而且更高效。

通过容器实现虚拟化的最常用的应用是 Docker。我们会简要介绍这个框架，并了解如何容器化（或 Docker 化）一个 Python 应用。

7.2　理解云计算架构

云计算架构（见图 7-2）是指构成系统结构的一系列组件和子组件。一般地，可以将它分为两个主要部分：前端（*frontend*）和后端（*backend*）。

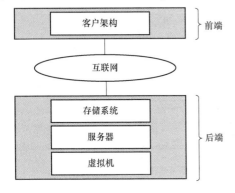

图 7-2　云计算架构

每个部分分别有特定的含义和范围，通过一个虚拟网络或互联网相互连接。

前端（*frontend*）是指云计算系统中用户可见的部分，这通过一系列允许客户访问云系统的界面和应用来实现。不同的云计算系统有不同的用户界面（UI）。

后端（*backend*）是客户不可见的部分。这个部分包含提供商用来提供云计算服务的所有资源，如服务器、存储系统和虚拟机。创建后端的基本思想是将整个系统的管理都交给一个中央服务器，因此，它必须持续地监控业务流和用户请求，完成访问控制并实现通信协议。

在这个架构的各个组件中，最重要的是 Hypervisor，这也称为虚拟机管理器（*Virtual Machine Manager*）。这是一个固件，会动态分配资源，并允许多个用户共享一个实例。简单地讲，这是一个实现虚拟化的程序，这也是云计算的主要性质之一。

给出了云计算的一个定义并解释了基本特点之后，下面来介绍可以用来提供云计算服务的服务模型（*service model*）。

7.2.1　服务模型

提供商提供的云计算服务可以归为 3 大类：
- **软件作为服务**（**S**oftware as a Service，SaaS）。
- **平台作为服务**（**P**latform as a Service，PaaS）。
- **基础设施作为服务**（**I**nfrastructure as a Service，IaaS）。

根据这种分类，可以定义一个名为 **SPI** 模型的机制（见以上分类加粗的首字母）。有时这称为云计算堆栈，因为这几类是堆叠的。

下面会从上到下分别给出这些层次的详细描述。

7.2.1.1　SaaS

SaaS 提供商会按需为用户提供软件应用，可以通过任何互联网设备来访问，如 Web 浏览器。另外，提供商会托管软件应用和底层基础设施，可以解除客户的负担，使他们无需完成管理和维护活动，如软件更新和应用安全补丁。

对于用户和提供商来说，使用这个模型都有很多优点。对于用户，管理成本可以大幅减少，而对于提供商，他们可以对业务流有更多控制，从而避免过载。SaaS 的一个例子是基于 Web 的任何 email 服务，如 **Gmail**，**Outlook**，**Salesforce** 和 **Yahoo**！。

7.2.1.2　PaaS

与 SaaS 不同，这个服务是指一个应用的整个开发环境，而不只是它的使用。所以，PaaS 解决方案会提供一个云平台，可以通过 Web 浏览器来访问，完成软件应用的开发、测试、发布和管理。另外，提供商会提供基于 Web 的界面、一个多租户架构和通信工具，使得开发人员可以用一种更简单的方式创建应用。PaaS 支持软件的整个生命周期，而且有利于合作。

PaaS 的例子是 **Microsoft Azure Services**、**Google App Engine** 和 **Amazon Web Services**。

7.2.1.3　IaaS

IaaS 是将计算基础设施提供为一个按需服务的模型。因此，你可以购买虚拟机（可以在这些虚拟机上运行你自己的软件）、存储资源（可以根据你的需要快速增加或减少存储能力）、网络和操作系统，并根据你的实际使用情况来付费。这种动态基础设施可以提供更大的可扩缩性，同时还能显著降低成本。

不仅一些小的新兴公司（没有太多投资资金）使用这个模型，一些成熟的公司也在利用这个模型优化他们的硬件体系结构。IaaS 销售商的范围很广，包括 **Amazon Web Services**、**IBM** 和 **Oracle**。

7.2.2　发布模型

云计算架构并不都相同。有 4 种不同的发布模型：
- 公有云。
- 私有云。
- 云社区。
- 混合云。

7.2.2.1　公有云

这个发布模型对单个用户和公司都是开放的。一般地，公有云在服务提供商拥有的一个数据中心运行，会处理硬件、软件和其他支持基础设施。采用这种方式，用户可以免除所有维护活动/开支。

7.2.2.2　私有云

私有云也称为内部云（*internal cloud*），可以提供与公有云同样的优点，不过对数据和处理提供了更多控制。这个模型表示为只用于一个公司的一个云基础设施，因此会在给定公司范围内管理和维护。显然，使用私有云的组织可以将其架构扩展到通过业务关系建立联系的任何组织。

采用这种解决方案，可以避免有关破坏敏感数据和行业欺诈的问题，同时仍然可以使用一个简化的、可配置而且高性能的实用置备系统。正是由于这个原因，近些年来，使用私有云的公司数量显著增加。

7.2.2.3　云社区

从概念上讲，这个模型描述了一个共享的基础设施，由有共同兴趣的多个公司共同实现和管理。这种解决方案很少使用，因为社区各个成员之间分担职责和管理活动可能变得很复杂。

7.2.2.4　混合云

NIST 把混合云定义为组合前面提到的 3 种实现模型（私有云、公有云和社区云）的结果，尝试利用这 3 者各自的优点，从而弥补其他模型不足的方面。所使用的云仍是不同的实体，这可能会导致缺乏操作一致性。因此，采用这个模型的公司有一个任务，要通过专用技术保证其服务器的互操作性，针对他们必须承担的特定角色完成相应的优化。

区别混合云与所有其他模型的一个特点是 cloudburst，即如果有很大的峰值需求，能够动态地将溢出的业务流从私有云转移到公有云。

有些公司想共享其软件应用，但同时希望将敏感数据保留在内部云中，这些公司就可以采用这个实现模型。

7.2.3　云计算平台

云计算平台是一组支持云资源交付的软件和技术（按需、可扩缩和虚拟化资源）。其中最流行的平台是 Google 的 **Amazon Web Services**（**AWS**）平台，当然这也是云计算的里程碑。

不过，在下一个技巧中，我们将重点介绍 PythonAnywhere，这是为部署用 Python 编写的 Web 应用专门开发的一个云平台。

7.3 用 PythonAnywhere 开发 Web 应用

PythonAnywhere 是基于 Python 编程语言的一个联机托管开发和服务环境。一旦在这个网站上注册，你会进入一个仪表盘，其中包含一个高级 shell 和文本编辑器，这完全由 HTML 代码构成。利用这个编辑器，可以创建、修改和执行你自己的脚本。

另外，这个开发环境还允许你选择使用哪个 Python 版本。这里有一个简单的向导可以帮助我们预配置一个应用。

7.3.1 准备工作

下面首先来看如何得到这个网站的登录凭据。

以下截屏图（见图 7-3）显示了不同类型的订阅，另外，可以得到一个免费账户（请参见 https：//www. pythonanywhere. com/registration/register/beginner/）：

Plans and pricing

图 7-3　PythonAnywhere：注册页面

一旦允许访问这个网站（建议你创建一个初学者账户），就可以登录这个网站（见图 7-4）。

集成到浏览器的 Python shell 很有用，特别是对于初学者以及入门性的编程课程，从技术角度来看，这些当然不是新内容。

一旦通过访问个人仪表盘来登录，可以看到 PythonAnywhere 的额外特性。

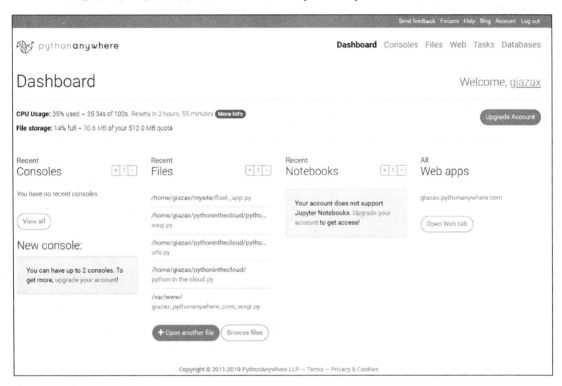

图 7 - 4　PythonAnywhere：仪表盘

通过个人仪表盘，可以选择运行 2.7 和 3.7 之间的 Python 版本，可以有或者没有 IPython 接口，控制台视图如图 7 - 5 所示。

可使用的控制台个数会根据你选择的订阅类型有所变化。对我们来说，由于建立了一个初学者账户，所以最多可以使用两个 Python 控制台。一旦选择一个 Python shell，如 3.5 版本，会在 Web 浏览器上打开如图 7 - 6 所示视图。

在下一节中，我们要展示如何使用 PythonAnywhere 来编写一个简单的 Web 应用。

7.3.2　实现过程

来看以下步骤：

（1）在仪表盘（**Dashboard**）上，打开 **Web** 标签页（见图 7 - 7）。

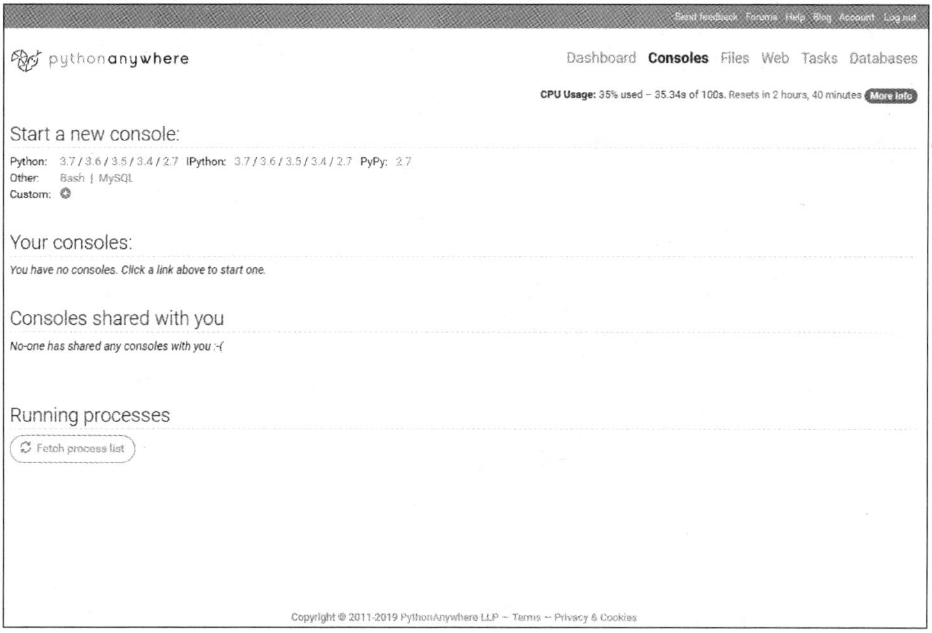

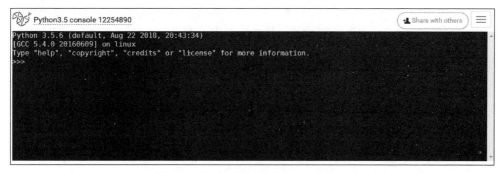

图 7 - 5 PythonAnywhere：控制台视图

图 7 - 6 PythonAnywhere：Python shell

图 7 - 7 PythonAnywhere：Web 应用视图

（2）这个界面显示，我们还没有一个 Web 应用。通过选择 **Add a new Web app**（增加一个新 Web 应用），会打开如图 7 - 8 所示视图。它指出我们的应用有以下 Web 地址：loginname. pythonanywhere. com（对于这个例子，应用的 Web 地址是 giazax. pythonanywhere. com）。

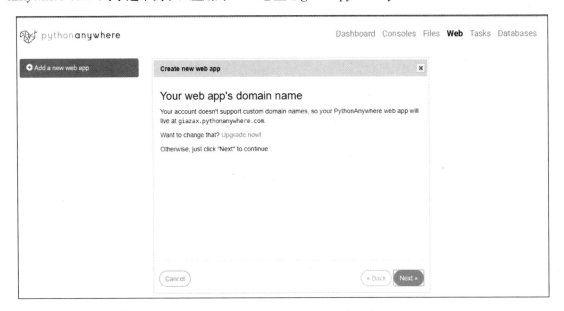

图 7 - 8　PythonAnywhere：Web 应用向导

（3）点击 **Next**（下一步）时，可以选择我们想要使用的 Python Web 框架，如图 7 - 9 所示。

（4）选择 **Flask** 作为 Web 框架，然后点击 **Next** 选择想使用哪个 Python 版本，如图 7 - 10 所示。

> Flask 是一个面向 Python 的微框架，很容易安装和使用，Pinterest 和 LinkedIn 等公司都使用了这个框架。
>
> 如果你不知道框架对于创建 Web 应用有什么作用，可以把它想象为一组程序，其目标是帮助创建 Web 服务器和 API 等 Web 服务。有关 Flask 的更多信息可以参见 http：//flask. pocoo. org/docs/1.0/。

（5）在前面的图 7 - 5 中，我们为 **Flask 1. 0. 2** 选择了 **Python 3. 5**，然后点击 **Next** 输入用来存放 Flask 应用的 Python 文件的路径。在这里，选择默认文件（见图 7 - 11）。

（6）最后一次点击 **Next** 时，显示下面的屏幕（见图 7 - 12），其中总结了这个 Web 应用的配置参数。

图 7 - 9 PythonAnywhere：Web 框架向导

图 7 - 10 PythonAnywhere：Web 框架向导

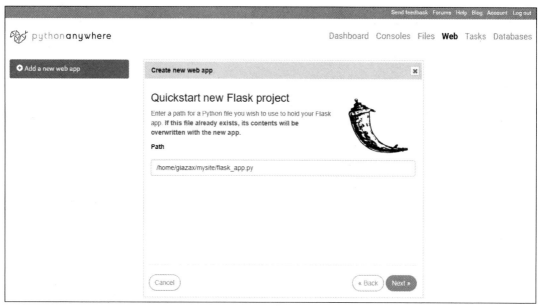

图 7 - 11　PythonAnywhere：Flask 工程定义

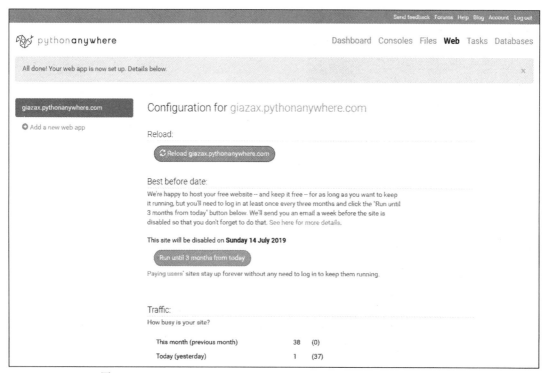

图 7 - 12　PythonAnywhere：giazax. pythonanywhere. com 的配置页面

下面来看会发生什么。

7.3.3　工作原理

在 Web 浏览器的地址栏，键入 Web 应用的 URL，在这里就是 https：//giazax. pytho-nanywhere. com/。网站显示了一个简单的欢迎辞（见图 7‐13）。

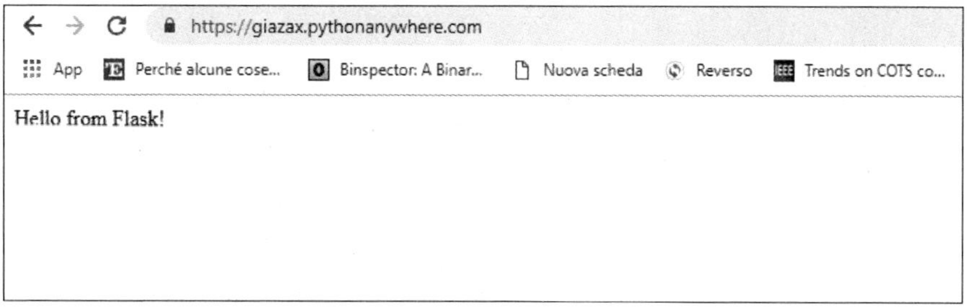

图 7‐13　giazax. pythonanywhere. com 网站页面

可以选择对应 **Source code** 标签的 **Go to directory** 来查看这个应用的源代码（见图 7‐14）。

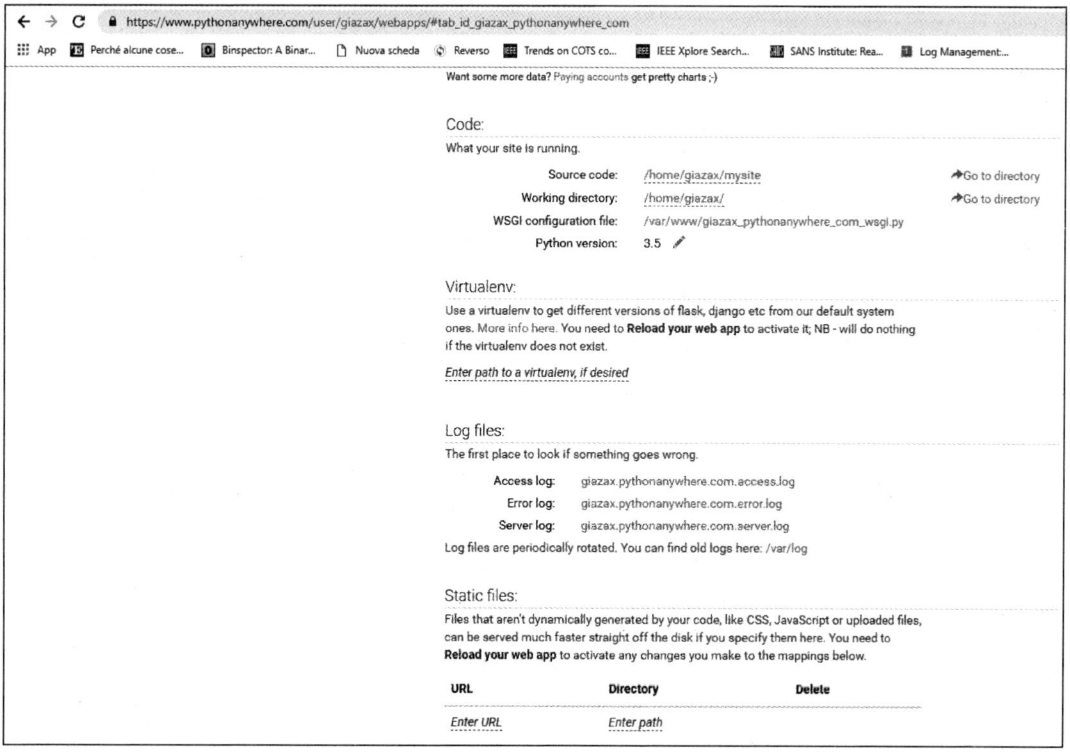

图 7‐14　PythonAnywhere：配置页面

在这里，可以分析构成这个 Web 应用的文件（见图 7-15）。

图 7-15　PythonAnywhere：工程存储库

还可以上传新文件和修改文件内容。这里我们选择第一个 Web 应用的 flask_app.py 文件。这看起来是一个最小的 Flask 应用：

```
# A very simple Flask Hello World app for you to get started with...

from flask import Flask

app = Flask(__name__)

@app.route('/')
def hello_world():
    return 'Hello from Flask!'
```

Flask 使用 route（）修饰符来定义触发 hello_world 函数的 URL。这个简单函数会返回在 Web 浏览器中显示的消息。

7.3.4　相关内容

PythonAnywhere shell 由 HTML 构成，所以可以跨多个平台和浏览器移植，包括 Apple 的移动版本。可以打开多个 shell（根据所选的账户信息，可同时打开的 shell 数会有变化），与其他用户共享，或者可以在需要时将其终止。

PythonAnywhere 有一个相当高级的文本编辑器，提供了语法着色和自动缩进功能，通过这个编辑器，可以创建、修改和执行你自己的脚本。文件存储在一个存储区中，其大小取决于账户信息，不过如果没有足够的空间，或者如果想要与你的 PC 的文件系统更顺利地集成，PythonAnywhere 允许使用一个 Dropbox 账户，从而可以在流行存储服务上访问你的共享文件夹。

每个 shell 可以包含一个 WSGI 脚本，对应一个特定的 URL。还可以启动一个 bash shell，由它调用 Git 并与文件系统交互。最后，我们已经看到，可以利用一个向导预配置一个 **Django** 和 **web2py** 或 Flask 应用。

另外，还可以利用一个 **MySQL** 数据库，这是一系列 cron 作业，允许我们定期地执行某些脚本。这样我们就可以体验到 PythonAnywhere 真正的精髓：像光速一样部署 Web 应用。

PythonAnywhere 完全依赖于 **Amazon EC2** 基础设施，所以应该没有理由不相信这个服务。出于这个原因，如果你考虑个人使用云平台，强烈推荐这个平台。初学者账户提供的资源比 **Heroku**（https：//www. heroku. com/）上提供的资源要多，部署比 **OpenShift**（https：//www. openshift. com/）简单，而且总的来讲整个系统比 **Google App Engine**（https：//cloud. google. com/appengine/）更灵活。

7.3.5 参考资料

- PythonAnywhere 的主要资源参见：https：//www. pythonanywhere. com/。
- 对于通过 Python 的 Web 编程，除了 **Flask**，PythonAnywhere 还支持 **Django**（https：//www. djangoproject. com/）和 **web2py**（http：//www. web2py. com/）。

对于 **Flask**，建议访问这些网站来了解使用这些库的更多信息。

7.4 Docker 化 Python 应用

容器是虚拟化环境。它们包含软件需要的一切，具体包括库、依赖包、文件系统和网络接口。与传统的虚拟机不同，前面提到的所有元素与它们运行所在的机器共享内核。采用这种方式，可以大大减少对主机节点上资源使用的影响。

这使得容器在可扩缩性、性能和隔离性等方面成为一个很有吸引力的技术。容器并不是一个新技术，2013 年 Docker 的启动就宣布了容器技术的成功。在那之后，它们彻底改变了应用开发和管理使用的标准。

Docker 是一个基于 **Linux Containers**（LXC）实现的容器平台，它扩展了这个技术的功能，能够将容器作为自包含映像来管理，并且增加了一些工具来协调其生命周期并保存它们的状态。

基于容器化的思想，一个给定的应用可以在任何类型的系统上执行，因为它的所有依赖文件都已经包含在这个容器本身。

通过这种方式，应用变得高度可移植，而且可以很容易地测试并部署在任何类型的环境中，包括内部部署（on—premises）和部署在云上。

下面来看如何 Docker 化一个 Python 应用。

7.4.1　准备工作

Docker 团队的想法是采用容器的概念，并围绕这个概念建立一个生态系统来简化它的使用。这个生态系统包括一系列工具：

- Docker 引擎（https：//www.docker.com/products/docker－engine）。
- Docker 工具箱（https：//docs.docker.com/toolbox/）。
- Swarm（https：//docs.docker.com/engine/swarm/）。
- Kitematic（https：//kitematic.com/）。

为 Windows 安装 Docker

安装非常简单：一旦下载了安装工具（https：//docs.docker.com/docker-for-windows/install/），运行这个安装程序就可以。安装过程通常很简单，唯一需要注意的是安装的最后阶段，可能要求启用 Hyper-V 特性。如果是这样，可以接受并重启机器。

一旦重启计算机，Docker 图标会出现在屏幕右下角的系统托盘里。

打开 Command Prompt 或 PowerShell 控制台，执行 docker version 命令来检查是否一切正常：

```
C:\>docker version
Client：Docker Engine - Community
 Version：18.09.2
 API version：1.39
 Go version：go1.10.8
 Git commit：6247962
 Built：Sun Feb 10 04:12:31 2019
 OS/Arch：windows/amd64
 Experimental：false

Server：Docker Engine - Community
 Engine：
  Version：18.09.2
  API version：1.39 (minimum version 1.12)
  Go version：go1.10.6
  Git commit：6247962
  Built：Sun Feb 10 04:13:06 2019
```

```
OS/Arch：linux/amd64
Experimental：false
```

这个输出中最有意思的部分是客户与服务器的划分。客户是我们的本地 Windows 系统，而服务器是 Docker 在后台实例化的 Linux 虚拟机。客户和服务器基于 API 层相互通信，这在前面的介绍中提到过。

下面来看如何容器化（或 Docker 化）一个简单的 Python 应用。

7.4.2 实现过程

假设我们想部署以下 Python 应用，名为 dockerize.py：

```python
from flask import Flask
app = Flask(_name_)
@app.route("/")
def hello()：
    return "Hello World!"
if _name_ == "_main_"：
    app.run(host = "0.0.0.0", port = int("5000"), debug = True)
```

这个示例应用使用了 Flask 模块。它在本机地址的端口 5000 实现了一个简单的 Web 应用。

第一步是创建以下文本文件，扩展名为 .py，这个文件名为 Dockerfile.py：

```
FROM python：alpine3.7
COPY . /app
WORKDIR /app
RUN pip install - r requirements.txt
EXPOSE 5000
CMD python ./dockerize.py
```

以上代码中所列的指令会完成以下任务：
- FROM python：alpine3.7 指示 Docker 使用 Python 3.7 版本。
- COPY 将应用复制到容器映像中。
- WORKDIR 设置工作目录（WORKDIR）。
- RUN 指令调用 pip 安装工具，指向 requirements.txt。它包含这个应用必须执行的依赖库列表（在这里，唯一的依赖库是 flask）。
- EXPOSE 指令提供 Flask 使用的端口。

总结一下，我们要编写 3 个文件：
- 要容器化的应用：dockerize.py。

- Dockerfile。
- 依赖库列表文件。

下面需要创建 dockerize. py 应用的一个映像：

docker build — tag dockerize. py

这会标记 my - python - app 映像并完成构建。

7.4.3 工作原理

构建 my - python - app 映像后，可以作为一个容器来运行：

docker run − p 5000：5000 dockerize. py

然后应用作为一个容器启动，后面的 name 参数向容器发送名字，- p 参数将本机端口 5000 映射到容器端口 5000。

接下来，需要打开你的 web 浏览器，然后在地址栏键入 localhost：5000。如果一切正常，应该能看到如图 7 - 16 所示页面：

图 7 - 16   Docker 应用

Docker 使用 run 命令运行 dockerize. py 容器，结果是一个 Web 应用。这个映像包含容器操作所需的指令。

要理解容器与映像的关系，可以参考面向对象编程模式，将映像理解为一个类，而容器理解为类实例。

可以回顾一下创建一个容器实例时发生了什么，这很有用：

- 本地上传容器的映像（如果还没有上传）。
- 创建启动容器的一个环境。
- 在屏幕上打印一个消息。
- 撤销以前创建的环境。

这些工作几秒就能全部完成，而且只需要一个简单、直观而且可读的命令。

7.4.4 相关内容

显然，容器和虚拟机看起来是很相似的概念。不过，尽管这两个方法有一些共同的特点，但它们是完全不同的技术，同样地，我们要考虑相应的应用架构有什么不同。可以创建一个容器包含单独的应用，但是这样无法充分得到容器的好处，相应地，也无法充分利用 Docker 的功能。

适合容器基础设施的一个可能的软件架构是传统的微服务架构。其思想是把应用划分为多个小组件，每个小组件有自己的特定任务，它们能交换消息并相互合作。这些组件的部署采用多个容器的方式单独进行。

不过，对于可以用微服务处理的情况，虚拟机并不实用，因为实例化的每个新虚拟机都需要大量消耗主机的能量。容器则是轻量级的，因为它们与虚拟机完成的虚拟化完全不同（见图 7 - 17）。

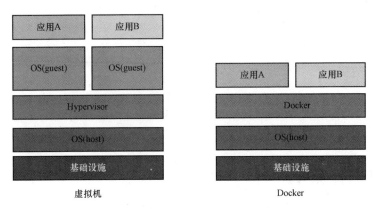

图 7 - 17 虚拟机和 Docker 实现中的微服务架构

在虚拟机中，一个名为 **Hypervisor** 的工具负责从主机 OS（静态或动态地）预留一定量的资源，这些资源专用于一个或多个称为 **guest** 或 **host** 的 OS。guest OS 与 host OS 完全隔离。从资源的角度来讲，这种机制相当昂贵，所以结合微服务和虚拟机的方法是完全不可行的。

容器对这个问题的做法完全不同。隔离更"温和"，所有运行的容器都共享作为底层 OS 的相同内核。这里完全没有 Hypervisor 开销，一个 host OS 可以支持数百个容器。

要求 Docker 从映像运行一个容器时，映像必须在本地磁盘上，否则 Docker 会警告这个问题（警告消息为 **Unable to find image 'hello - world: latest' locally**），并自动下载。

要确定在我们的计算机上从 Docker 下载了哪些映像，可以使用 docker images 命令：

```
C:\>docker images
REPOSITORY TAG IMAGE ID CREATED SIZE
dockerize.py latest bc3d70b05ed4 23 hours ago 91.8MB
<none> <none> ca18efb44b3c 24 hours ago 91.8MB
python alpine3.7 00be2573e9f7 2 months ago 81.3MB
```

存储库（**REPOSITORY**）是相关映像的一个容器。例如，dockerize 存储库包含多个不同版本的 dockerize 映像。在 Docker 世界里，使用了标记（**tag**）一词更正确地表示映像版本化的概念。在前面的示例代码中，映像标记为 **latest**（最新），这是这个 dockerize 存储库唯一的标记。

latest 标记是默认标记：如果我们指示一个存储库而没有指定标记名，Docker 会隐含地指示 **latest** 标记，如果不存在，会显示一个错误。因此，作为一个最佳实践，应当使用存储库标记（**REPOSITORY TAG**）形式，这样可以更好地预测映像的内容，而避免容器之间的冲突以及由于缺少 **latest** 标记而带来的错误。

7.4.5　参考资料

容器技术是一个很宽泛的概念，可以参考网上的大量文章和应用示例来深入研究。不过，在这个漫长而艰难的旅程之前，建议先从网站（https：//www.docker.com/）开始，这里提供了很完备的信息。

下一节中，我们将研究无服务器计算的主要特点，无服务器计算的主要目标是使软件开发人员可以更容易地编写设计在云平台上运行的代码。

7.5　无服务器计算介绍

近些年来，开发了一个名为函数作为服务（**Function as a Service**，**FaaS**）的新的服务模型，这也称为无服务器计算（**serverless computing**）。

无服务器计算是一个云计算模式，允许执行应用而不用担心与底层基础设施有关的问题。

无服务器（**serverless**）一词可能有些误导。实际上，可以认为这个模型没有考虑使用处理服务器。事实上，它指示了执行应用的服务器的置备、可扩缩性和管理都会采用一种对开发人员完全透明的方式自动处理。这一切都要归功于一个名为无服务器（**serverless**）的新架构模型。

第一个 FaaS 模型要追溯到 **Amazon**，它在 2014 年发布了 **AWS Lambda** 服务。一段时间后，除了 Amazon 的解决方案，又增加了另外一些主要开发商开发的其他一些选择，如 **Microsoft** 的 **Azure Functions**，**IBM** 和 **Google** 的 **Cloud Functions**。此外还有一些可靠的开源解决方案：其中最常用的是 **Apache OpenWhisk**，**IBM** 在 **Bluemix** 中就使用这个解决方案来提供其无服务器模型，另外还有 **OpenLambda** 和 **IronFunctions**，后者基于 Docker 的容器技术。

在这个技巧中，我们会了解如何通过 **AWS Lambda** 实现一个无服务器 Python 函数。

7.5.1　准备工作

AWS 是通过一个公共接口提供和管理的一整套云服务。AWS Web 控制台用来提供服务的公共接口可以在 https：//console. aws. amazon. com/访问。

这一类服务是收费的。不过，第一年提供了一个免费账户（*free tier*）。这组服务使用最少的资源，可以免费地评价服务和用于应用开发。

 关于如何在 AWS 上创建一个免费账户，详细信息参见 https：// aws. amazon. com 上的 Amazon 官方文档。

在这些小节中，我们将概要介绍有关的基础知识，了解如何在 AWS Lambda 中运行代码而不必置备或管理任何服务器。我们会展示如何使用 AWS Lambda 控制台用 Lambda 创建一个 Hello World 函数，还会解释如何使用示例事件数据手动地调用这个 Lambda 函数以及如何解释输出参数。这个教程中所示的所有操作都可以作为 https：//aws. amazon. com/free 上免费计划的一部分完成。

7.5.2　实现过程

来看下面的步骤：

（1）首先要做的是登录 Lambda 控制台（https：//console. aws. amazon. com/console/home）。然后，需要找到并选择 **Calculation** 下的 **Lambda**，打开 AWS Lambda 控制台（在图 7-18 中用绿色突出显示）。

（2）然后在 AWS Lambda 控制台中选择 **Get Started Now**，再创建一个 Lambda 函数，如图 7-19 所示。

（3）在过滤器框中，键入 hello-world-python 并选择 **hello-worldpython** 蓝本。

（4）现在需要配置 Lambda 函数。下面的列表显示了这些配置并提供了示例值：

- **Configure function**（配置函数）：
- **Name**（名）：在这里输入函数名。对于这个教程，输入 hello-world-python。
- **Description**（描述）：在这里可以输入函数的一个简要描述。这个框中会预填 **A starter AWS Lambda function**。
- **Runtime**（运行时库）：目前可以用 **Java**、**Node. js** 和 **Python 2. 7**，3. 6 和 3. 7 编写 Lambda 函数的代码。对于这个教程，设置运行时库为 Python 2. 7。
- **Lambda function code**（Lambda 函数代码）：

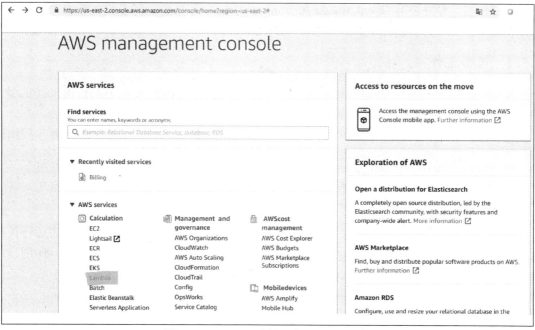

图 7 - 18　AWS：选择一个 Lambda 服务

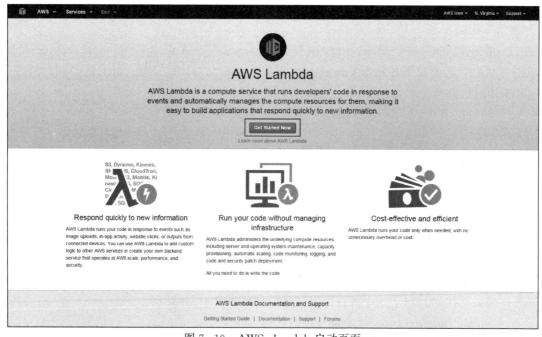

图 7 - 19　AWS：Lambda 启动页面

- 在图 7 - 20 中可以看到，可以查看 Python 示例代码。
- **Lambda function handler and role（Lambda 函数处理器和角色）：**
- **Handler（处理器）：** 可以指定一个方法，在这个方法中 AWS Lambda 可以开始执行代码。AWS Lambda 提供事件数据作为处理器的输入，它会处理这些事件。在这个例子中，Lambda 会确定来自示例代码的事件，所以这个域将用 **lambda _ function. lambda _ handler** 编译。
- **Role（角色）：** 点击下拉菜单，选择 **Basic Execution Role**。

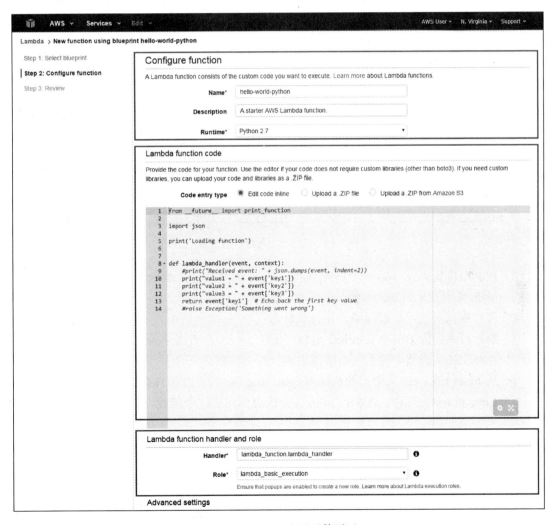

图 7 - 20 AWS 配置函数页面

（5）现在必须创建一个用于执行的角色（名为 **IAM Role**）（见图 7 - 21），要有必要的授权，可以由 AWS Lambda 解释为 Lambda 函数执行器。点击 **Allow**，会返回**配置函数**页面，选择 **lambda _ basic _ execution** 函数。

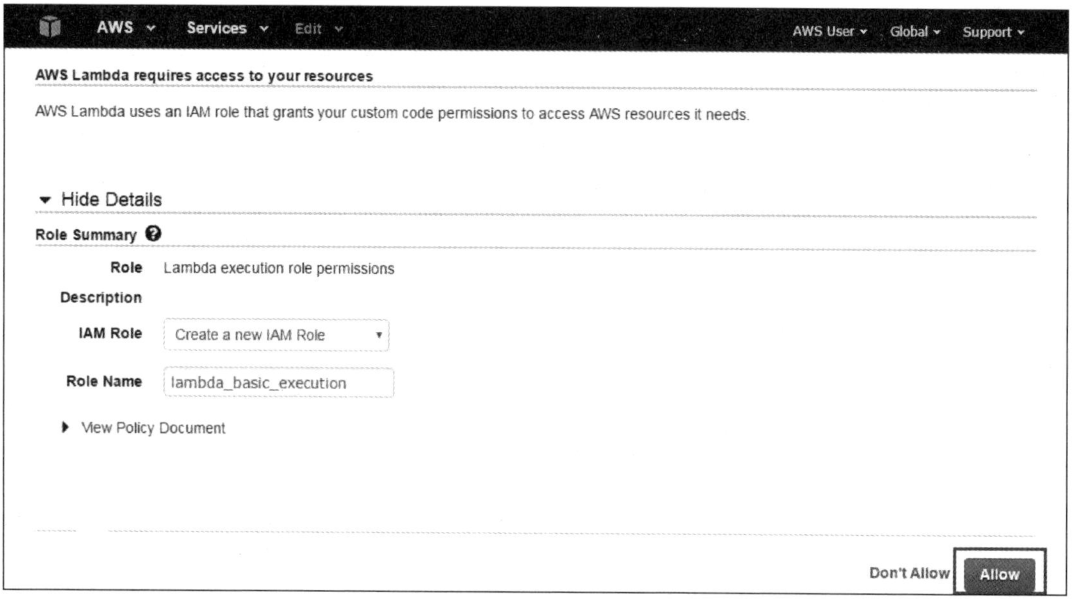

图 7 - 21   AWS：角色总结页面

（6）控制台将代码保存到一个压缩文件，这表示发布包。然后控制台将发布包加载到 AWS Lambda 来创建 Lambda 函数（见图 7 - 22）。

现在可以测试函数，检查结果，并显示日志：

（1）要运行我们的第一个 Lambda 函数（见图 7 - 23），点击 **Test**。

（2）在弹出的编辑器中输入一个事件来测试这个函数。

（3）从 **Input test event** 页面上的 **Sample event template** 列表选择 **Hello World**（见图 7 - 24）。点击 **Save** 和 **test**。然后，AWS Lambda 会代表你完成这个函数。

7.5.3   工作原理

执行完成时，可以在控制台查看结果：

- **Execution result（执行结果）**（见图 7 - 25）部分会给出函数的正确计算结果。
- **Summary（总结）** 部分显示 **Log output** 部分中报告的最重要的信息。
- **Log output（日志输出）** 部分会显示 Lambda 函数执行生成的日志。

图 7 - 22　AWS：Lambda 查阅页面

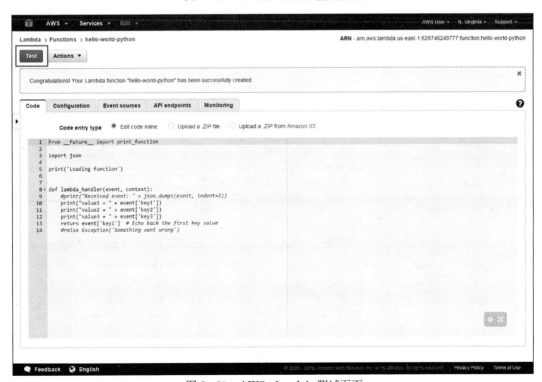

图 7 - 23　AWS：Lambda 测试页面

图 7 - 24　AWS：Lambda 模板

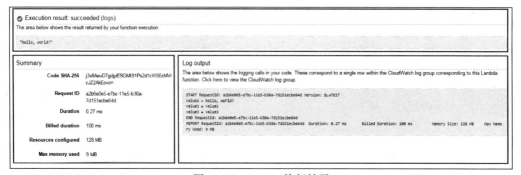

图 7 - 25　AWS：执行结果

7.5.4　相关内容

AWS Lambda 会通过 **Amazon CloudWatch**（见图 7 - 26）监控函数并生成参数报告。为了简化执行期间代码的监控，AWS Lambda 会自动跟踪请求数、每个请求的延迟和有错误的请求数，并发布相关的参数。

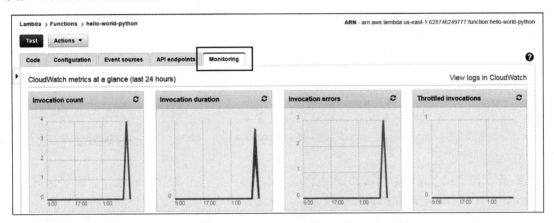

图 7 - 26　Amazon CloudWatch

7.5.4.1　什么是 Lambda 函数？

Lambda 函数包含开发人员为响应某些事件所要执行的代码。开发人员负责编写这个代码，并在提供商控制台中指定资源需求。所有其他方面，包括资源的大小调整，都由提供商根据所需的工作负载自动管理。

7.5.4.2　为什么使用无服务器？

无服务器计算的好处如下：

• **无基础设施管理**：开发人员可以把重点放在要构建的产品上，而不是运行时服务器的操作和管理。

• **自动可扩缩性**：会自动调整资源来处理任何类型的工作负载，而不需要一个完成扩缩的配置，而且可以响应实时事件。

• **资源使用优化**：由于处理能力和存储资源是动态分配的，所以不需要提前过多地预留容量。

• **成本减少**：在传统的云计算中，即使没有实际使用也要为资源付费。如果采用无服务器计算，应用是事件驱动的，这意味着应用代码没有运行时，不会收取任何费用，所以你不必为未用的资源付费。

- **高可用性**：管理基础设施和应用的服务可以保证高可用性和容错性。
- **加快进入市场**：由于消除了基础设施管理费用，这使得开发人员可以把重点放在产品质量上，让代码更快地进入生产阶段。

7.5.4.3 可能的问题和限制

在评估是否采用无服务器计算时，要考虑到以下缺点：

- **可能的性能损失**：如果代码不经常使用，执行代码时可能出现延迟问题。与服务器、虚拟机或容器中连续执行的情况相比，这是一个重要的问题。之所以会发生这种情况，是因为（与使用自动扩缩策略时的情况正相反）使用无服务器模型时，云提供商通常在不使用代码时完全撤销资源。这意味着，如果运行时要花时间启动，那么不可避免地就会在初始启动阶段带来额外的延迟。
- **无状态模式**：无服务器函数采用无状态模式操作。这意味着，如果你想增加逻辑来保存一些元素，如向一个不同函数传递的参数，就需要为应用流增加一个持久存储组件，并让事件相互链接。例如，Amazon 提供了一个额外的工具，名为 **AWS Step functions**，它会协调和管理无服务器应用中所有微服务和分布式组件的状态。
- **资源限制**：无服务器计算不适用于某些类型的工作负载或用例，特别是对于高性能的应用，另外云提供商会对资源使用有一些限制（例如，AWS 会限制 Lambda 函数的并发运行数）。这些都是因为，要在一个有限的固定时间内置备所需的大量服务器是很困难的。
- **调试和监控**：如果依赖于非开源解决方案，开发人员就会依赖开发商来调试和监控应用，因此，将无法使用另外的性能分析工具或调试工具来详细诊断任何问题。相应的，他们必须依赖其提供商提供的工具。

7.5.5 参考资料

我们已经看到，要使用无服务器架构，可以把 AWS 框架（https：//aws.amazon.com/）作为参考点。在前面的 URL 中，你会找到大量信息和教程，包括这一节中描述的例子。

第 8 章　异　构　计　算

这一章将帮助我们通过 Python 语言研究**图形处理单元**（**Graphics Processing Unit，GPU**）编程技术。GPU 的不断演化体现出完成复杂计算时这些架构可以带来巨大好处。

GPU 当然不能取代 CPU。不过，可以开发结构良好的异构代码来充分利用这两类处理器的优势，这确实能带来相当大的好处。

我们将分析主要的异构编程开发环境的 Python 版本，具体是**面向统一计算设备架构**（**Compute Unified Device Architecture，CUDA**）的 **PyCUDA** 和 **Numba** 环境，以及面向 **Open Computing Language**（**OpenCL**）框架的 **PyOpenCL** 环境。

这一章中，我们将介绍以下内容：

- 理解异构计算。
- 理解 GPU 架构。
- 理解 GPU 编程。
- 处理 PyCUDA。
- 使用 PyCUDA 的异构编程。
- 使用 PyCUDA 实现内存管理。
- PyOpenCL 介绍。
- 使用 PyOpenCL 构建应用。
- 使用 PyOpenCL 处理元素级表达式。
- 评价 PyOpenCL 应用。
- 使用 Numba 的 GPU 编程。

首先来详细介绍如何理解异构计算。

8.1　理解异构计算

多年来，由于人们在不断寻求方法为越来越复杂的计算提供更好的性能，这使得使用计算机时开始采用很多新的技术。其中一个技术称为异构计算（*heterogeneous computing*），其目的是以某种方式让不同（或异构的）处理器合作，从而（特别是）在时间计算效率方面获得优势。

在这个领域，运行主程序的处理器（通常是 CPU）称为主处理器或主设备（*host*），而协同处理器（例如，GPU）称为设备（*devices*）。设备在物理上通常与主处理器分离，并管理自己的内存空间，这也与主处理器的内存分离。

特别是在巨大市场需求的推动下，GPU 已经演化为一个高度并行的处理器，使得 GPU 不再只是用于图形显示的设备，而转换为实现可并行和计算密集型通用计算的设备。

实际上，除了在屏幕上显示图形以外，其他使用 GPU 的任务就称为异构计算。

最后，GPU 编程的任务是最大程度利用显卡提供的并行性和数学计算能力，同时尽可能减少它带来的缺点，如主处理器与设备之间物理连接的延迟。

8.2　理解 GPU 架构

GPU 是一种用于图形数据向量处理的特殊 CPU/内核，由多边形图元来呈现图像。一个好的 GPU 程序的任务是最大程度利用显卡提供的并行性和数学计算能力，同时尽可能减少它带来的缺点，如主处理器与设备之间物理连接的延迟。

GPU 的特点是有一个高度并行的结构，从而能以一种高效的方式管理庞大的数据集。这个特性与硬件性能的快速发展相结合，使得科学世界开始把目光转向将 GPU 用于呈现图像以外的其他用途。

GPU（见图 8-1）由多个处理单元组成，这些处理单元称为**流式多处理器**（**Streaming Multiprocessors，SM**），这是并行性的第一层。实际上，每个 SM 会同时而且相互独立地工作。

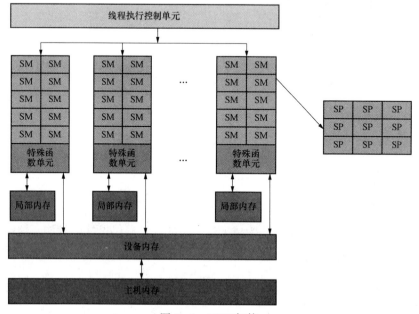

图 8-1　GPU 架构

每个 SM 划分为一组**流式处理器（Streaming Processor，SP）**，SP 有一个内核，可以串行运行一个线程。SP 表示执行逻辑的最小单元，这也是更细粒度的并行层次。

为了编写最适合这种架构的程序，下一节我们将介绍 GPU 编程。

8.3　理解 GPU 编程

GPU 已经变得越来越可编程。实际上，GPU 指令集已经大大扩展，可以执行更多的任务。

如今，可以在一个 GPU 上执行传统的 CPU 编程指令，如循环和条件、内存访问以及浮点数计算。两大主要离散显卡制造商（**NVIDIA 和 AMD**）都开发了自己的架构，为开发人员提供了相关的开发环境，允许用不同的编程语言编写程序，也包括 Python。

现在开发人员有很多优秀的工具来编程，可以在不纯粹与图形相关的领域编写使用 GPU 的软件。用于异构计算的主要环境包括 CUDA 和 OpenCL。

下面就来详细介绍这两个环境。

8.3.1　CUDA

CUDA 是 NVIDIA 的专用硬件架构，并以此来命名相关的开发环境。目前，有成千上万活跃的 CUDA 开发人员，这说明在并行编程环境中围绕着这个技术开发人员表现出越来越浓厚的兴趣。

CUDA 为最常用的编程语言提供了扩展包，也包括 Python。最有名的 CUDA Python 扩展包如下：

- PyCUDA（https：//mathema. tician. de/ software/ PyCUDA/ ）。
- Numba（http：//numba. pydata. org）。

我们将在后面的小节中使用这些扩展包。

8.3.2　OpenCL

并行计算的第二个主角是 OpenCL，这是一个开放的标准（与它的 NVIDIA 对手不同），不仅可以用于不同制造商的 GPU，也可以用于不同类型的微处理器。

不过，OpenCL 是一个更完备、更全面的解决方案，因为它不像 CUDA 那样过于强调成熟性和使用的简单性。

OpenCL Python 扩展包是 PyOpenCL（https：//mathema. tician. de/software/pyopencl/）。

在下面的小节中，我们会分析相应 Python 扩展包中的 CUDA 和 OpenCL 编程模型，另外还会提供一些有趣的应用示例。

8.4　处理 PyCUDA

PyCUDA 是 Andreas Klockner 开发的一个绑定库，从而可以访问 CUDA 的 Python API。主要特点包括自动清理（这与对象的生命期紧密相关，相应地可以避免泄漏）、模块和缓冲区之上便利的抽象、可以完全访问驱动程序，以及内置的错误处理。而且它还很轻量级。

这个项目是 MIT 许可下的一个开源项目，文档非常清晰，而且网上可以找到很多不同的资源可以提供帮助和支持。PyCUDA 的主要目的是允许开发人员使用最少的 Python 抽象来调用 CUDA，而且还支持 CUDA 元编程和模板。

8.4.1　准备工作

请按照 Andreas Klockner 主页（https：／／mathema.tician.de/ software/ pycuda/ ）上的说明安装 PyCUDA。

下面的编程示例有两个函数：
- 第一个验证 PyCUDA 已经正确安装。
- 第二个用来读取和打印 GPU 卡的特性。

8.4.2　实现过程

具体的步骤如下：

（1）利用第一个指令，导入 PC 上安装的 CUDA 库的 Python 驱动程序（也就是pycuda.driver）：

```
import pycuda.driver as drv
```

（2）初始化 CUDA。还要注意，在调用 pycuda.driver 模块中的任何其他指令之前，必须先调用以下指令：

```
drv.init()
```

（3）显示 PC 上的 GPU 卡数：

```
print ("%d device(s) found." % drv.Device.count())
```

（4）对于 PC 上的每个 GPU 卡，打印型号名、计算能力和设备上的总内存量（单位为KB）：

```
for ordinal i n range(drv.Device.count());
```

```
        dev = drv.Device(ordinal)
        print("Device # %d：%s" % (ordinal, dev.name()))
        print("Compute Capability: %d. %d" %
dev.compute_capability())
        print("Total Memory：%s KB" % (dev.total_memory()//(1024)))
```

8.4.3　工作原理

执行非常简单。第一行代码中导入 pycuda.driver，然后初始化：

```
import pycuda.driver as drv
drv.init()
```

pycuda.driver 模块提供了驱动程序级的 CUDA 编程接口，这比 CUDA C 运行时级编程接口更灵活，而且还具有运行时接口所没有的一些特点。

然后，根据 drv.Device.count()函数进入一个循环，对于每个 GPU 卡，会打印卡名和它的主要特性（计算能力和总内存量）：

```
print("Device # %d：%s" % (ordinal, dev.name()))
print("Compute Capability: %d. %d" % dev.compute_capability())
print("Total Memory：%s KB" % (dev.total_memory()//(1024)))
```

执行以下代码：

C:\>python dealingWithPycuda.py

完成时，会在屏幕上显示已安装的 GPU，如下所示：

1 device(s) found.
Device #0：GeForce GT 240
Compute Capability：1. 2
Total Memory：1048576 KB

8.4.4　相关内容

CUDA 编程模型［和相应的 PyCUDA（见图 8-2），这是一个 Python 包装器］是通过 C 语言标准库的特定扩展包实现的。这些扩展包非常类似于标准 C 库中的函数调用，从而提供了一种简单的方法来建立异构编程模型，这包含主机代码和设备代码。这两个逻辑部分的管理由 nvcc 编译器完成。

下面简要描述这是如何工作的：

（1）将设备代码与主机代码分开（*separate*）。

（2）调用（*invoke*）一个默认编译器（例如，GCC）来编译主机代码。

（3）设备代码构建（*build*）为二进制形式（.cubin 对象）或汇编形式（PTX 对象）。

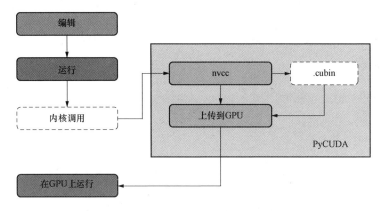

图 8-2   PyCUDA 执行模型

前面的所有步骤都由 PyCUDA 在执行时完成，相对于 CUDA 应用，这会增加应用加载时间。

8.4.5   参考资料

• CUDA 编程指南参见这里：https://docs.nvidia.com/cuda/cuda-c-programming-guide/。

• PyCUDA 文档参见这里：https://documen.tician.de/pycuda/。

8.5   使用 PyCUDA 的异构编程

CUDA 编程模型（以及相应的 PyCUDA 编程模型）设计用来在 CPU 和 GPU 上联合执行一个软件应用，应用的顺序部分在 CPU 上完成，可以并行化的部分在 GPU 上完成。遗憾的是，计算机不够聪明，它不知道如何自动地分布代码，所以要由开发人员指出哪些部分由 CPU 运行，哪些由 GPU 运行。

实际上，一个 CUDA 应用由串行组件和并行组件组成，串行组件由系统 CPU 或主处理器执行；并行组件称为内核（kernel），由 GPU 或设备执行。

内核定义为一个网格（*grid*），可以进一步分解为线程块（block），顺序地分配到不同多处理器，从而实现粗粒度的并行性。线程块内部包括基本计算单元（即线程），可以提供很细粒度的并行性。一个线程只能属于一个线程块，由整个内核中的唯一索引来标识。为方便起见，可以对线程块使用二维索引，对线程使用三维索引。内核相互之间顺序地执行。另外，线程块和线程会并行执行。同时（并行）运行的线程数取决于线程块中的组织以及它们的资源请求（相对于设备中可用的资源）。

 要想直观地理解前面介绍的概念，请参考 https：//sites. google. com/site/computationvisualization/programming/cuda/article1 中的图 5。

线程块设计为要保证可扩缩性。实际上，如果你的一个架构中有两个多处理器，另一个架构中有 4 个多处理器，GPU 应用在这两个架构上都能完成，不过显然时间和并行程度不同。

按照 PyCUDA 编程模型执行一个异构程序的步骤如下：

（1）在主处理器上分配（*allocate*）内存。

（2）将数据从主机内存转移（*transfer*）到设备内存。

（3）通过调用内核函数运行（*run*）设备。

（4）将结果从设备内存转移（*transfer*）到主机内存。

（5）释放（*release*）设备上分配的内存。

图 8-3 显示了按照 PyCUDA 编程模型的程序执行流程。

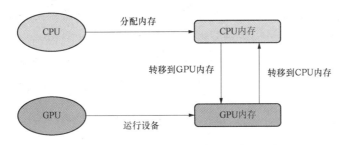

图 8-3　PyCUDA 编程模型

下一个例子中，我们将通过这个编程方法的一个具体例子来了解如何构建 PyCUDA 应用。

8.5.1　实现过程

为了展示 PyCUDA 编程模型，我们来考虑这样一个任务，将一个 5×5 矩阵中的所有元素加倍：

（1）导入完成这个任务所需的库：

```
import PyCUDA. driver as CUDA
```

```
import PyCUDA. autoinit
from PyCUDA. compiler import SourceModule
import numpy
```

（2）利用导入的 numpy 库，我们可以构造这个问题的输入，也就是一个 5×5 的矩阵，其中的值都是随机选择的：

```
a = numpy. random. randn(5,5)
a = a. astype(numpy. float32)
```

（3）构造了矩阵之后，必须将这个矩阵从主处理器的内存复制到设备内存。为此，我们要在设备上分配包含矩阵 a 所需的内存空间（a _ gpu）。为了做到这一点，我们使用了 mem _ alloc 函数，它会返回所分配的内存空间。具体地，矩阵 a 的字节数用 a. nbytes 参数表示，如下所示：

```
a_gpu = cuda. mem_alloc(a. nbytes)
```

（4）在此之后，通过使用 memcpy _ htod 函数，将这个矩阵从主处理器转移到设备上专门创建的内存区：

```
cuda. memcpy_htod(a_gpu, a)
```

（5）在设备中，doubleMatrix 内核函数将完成操作。它的作用是将输入矩阵的各个元素乘以 2。可以看到，doubleMatrix 函数的语法类似于 C，SourceModule 语句是 NVIDIA 编译器（nvcc 编译器）的指令，它会创建一个模块，在这里这个模块只包含 doubleMatrix 函数：

```
mod = SourceModule("""
__global__ void doubles_matrix(float * a){
  int idx = threadIdx. x + threadIdx. y * 4;
  a[idx] * = 2;}
""")
```

（6）利用 func 参数指定 doubleMatrix 函数，这个函数包含在 mod 模块中：

```
func = mod. get_function("doubles_matrix")
```

（7）最后，运行这个内核函数。为了成功地在设备上执行一个内核函数，CUDA 用户必须指定内核的输入以及执行线程块的大小。对于下面的情况，输入是 a _ gpu 矩阵，这是之前复制到设备的矩阵，线程块的维度（大小）为（5，5，1）：

```
func(a_gpu, block = (5,5,1))
```

（8）因此，我们要分配一个内存区，其大小等于输入矩阵 a 的大小：

```
a_doubled = numpy.empty_like(a)
```

（9）然后将设备上分配的内存区的内容（即 a_gpu 矩阵）复制到之前定义的内存区 a_doubled：

```
cuda.memcpy_dtoh(a_doubled, a_gpu)
```

（10）最后，打印输入矩阵 a 和输出矩阵的内容，检验这个实现的质量：

```
print ("ORIGINAL MATRIX")
print (a)
print ("DOUBLED MATRIX AFTER PyCUDA EXECUTION")
print (a_doubled)
```

8.5.2　工作原理

首先来看这个例子导入了哪些库：

```
import PyCUDA.driver as CUDA
import PyCUDA.autoinit
from PyCUDA.compiler import SourceModule
```

具体地，autoinit 会自动标识我们的系统上哪个 GPU 可以用于执行，SourceModule 是 NVIDIA 编译器（nvcc）的指令，可以利用这个指令指示要编译并上传到设备的对象。

然后，使用 numpy 库建立 5×5 的输入矩阵：

```
import numpy
a = numpy.random.randn(5,5)
```

在这种情况下，矩阵中的元素要转换为单精度模式（因为执行这个例子所用的显卡只支持单精度浮点数）：

```
a = a.astype(numpy.float32)
```

然后，将数组从主处理器复制到设备，这里使用了以下两个操作：

```
a_gpu = CUDA.mem_alloc(a.nbytes)
CUDA.memcpy_htod(a_gpu, a)
```

注意，设备和主机内存在执行一个内核函数期间可能从不通信。由于这个原因，为了在设备上并行执行内核函数，与内核函数有关的所有输入数据也必须放在设备的内存中。

还要指出，a_gpu 矩阵是线性化的，也就是说，它是一维的，因此必须采用这种方式管理。

另外，所有这些操作都不需要内核调用。这意味着它们由主处理器直接调用。

SourceModule 实体允许定义 doubleMatrix 内核函数。＿ global ＿ 是一个 nvcc 指令，指示 doubleMatrix 函数将由设备处理：

```
mod = SourceModule("""
    __global__ void doubleMatrix(float * a)
```

下面考虑内核的体。idx 参数是矩阵索引，它由 threadIdx. x 和 threadIdx. y 线程坐标来确定：

```
int idx = threadIdx. x + threadIdx. y * 4;
a[idx] * = 2;
```

然后，mod. get ＿ function（" doubleMatrix"）向 func 参数返回一个标识符：

```
func = mod. get_function("doubleMatrix ")
```

为了执行内核，需要配置执行上下文。这说明要在 func 调用中使用线程块参数，为属于线程块网格的线程设置一个三维结构：

```
func(a_gpu, block = (5, 5, 1))
```

从 block ＝ (5, 5，1) 可以知道，我们在调用一个内核函数，它有一个 a ＿ gpu 线性化输入矩阵，在 x 方向上有一个大小为 5 的线程块（也就是 5 个线程），在 y 方向上也有 5 个线程，在 z 方向上有 1 个线程，总共就是 25 个线程。注意，每个线程执行相同的内核代码（总共 25 个线程）。

GPU 设备中的计算完成后，使用一个数组来存储结果：

```
a_doubled = numpy. empty_like(a)
CUDA. memcpy_dtoh(a_doubled, a_gpu)
```

要运行这个例子，在 Command Prompt 中键入以下命令：

C:\>python heterogenousPycuda. py

输出应该如下：

```
ORIGINAL MATRIX
[[ - 0. 59975582 1. 93627465 0. 65337795 0. 13205571 - 0. 46468592]
[ 0. 01441949 1. 40946579 0. 5343408 - 0. 46614054 - 0. 31727529]
[ - 0. 06868593 1. 21149373 - 0. 6035406 - 1. 29117763 0. 47762445]
[ 0. 36176383 - 1. 443097 1. 21592784 - 1. 04906416 - 1. 18935871]
```

$$[-0.06960868\ -1.44647694\ -1.22041082\ 1.17092752\ 0.3686313\ ]]$$

DOUBLED MATRIX AFTER PyCUDA EXECUTION

$$[[-1.19951165\ 3.8725493\ 1.3067559\ 0.26411143\ -0.92937183]$$
$$[\ 0.02883899\ 2.81893158\ 1.0686816\ -0.93228108\ -0.63455057]$$
$$[-0.13737187\ 2.42298746\ -1.2070812\ -2.58235526\ 0.95524889]$$
$$[\ 0.72352767\ -2.886194\ 2.43185568\ -2.09812832\ -2.37871742]$$
$$[-0.13921736\ -2.89295388\ -2.44082164\ 2.34185504\ 0.73726263\ ]]$$

8.5.3　相关内容

CUDA 编程模型与其他（通常在 CPU 上使用的）并行模型有显著区别，造成这种区别的 CUDA 关键特点是：为了更为高效，它要求数千个线程都是活动的。GPU 的一般结构可以做到这一点，它使用轻量级的线程，还允许以一种非常快速和高效的方式创建和修改执行上下文。

注意，线程的调度与 GPU 架构及其内部并行性直接关联。实际上，一个线程块会分配给一个 SM。在这里，线程会进一步分组，这称为线程束（warp）。属于相同线程束的线程由线程束调度器（*warp scheduler*）管理。为了充分利用 SM 的内在并行性，相同线程束的线程必须执行相同的指令。如果没有出现这个条件，则称为存在线程分歧（*threads divergence*）。

8.5.4　参考资料

- 使用 PyCUDA 的完整教程参见以下网站：https：// documen. tician. de/ pycuda/ tutorial. Html。
- 要在 Windows 10 上安装 PyCUDA，可以参考以下链接：https：//github. com/ kdkoadd/ Win10 - PyCUDA - Install。

8.6　使用实现内存管理

PyCUDA 程序要遵循 SM 的结构和内部组织所提出的规则，这会对线程性能带来约束。所以要了解和正确使用 GPU 提供的不同类型内存，这对于得到最大效率非常重要。在支持 CUDA 的 GPU 卡中，有以下 4 种类型的内存（见图 8 - 4）：

- **寄存器（registers）**：每个线程都会分配一个内存寄存器，只有指定的这个线程可以访问，即使属于相同线程块的线程也不能访问这个寄存器。
- **共享内存（shared memory）**：每个线程块有自己的共享内存，由属于这个线程块的线程共享。这个内存的速度也极快。

• **常量内存**（constant memory）：网格中的所有线程都能在常量时间内访问这个内存，不过只是读访问是常量时间。常量内存中的数据在整个应用期间会持久保存。

• **全局内存**（global memory）：网格的所有线程（相应地所有内核）都可以访问全局内存。另外，数据的持久存储类似于常量内存。

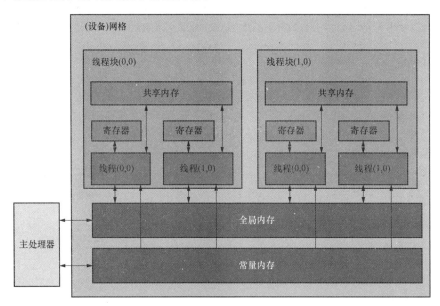

图 8-4　GPU 内存模型

8.6.1　准备工作

为了得到最佳性能，PyCUDA 程序必须最大程度地利用每种类型的内存。具体地，必须充分利用共享内存，尽可能减少对全局内存的访问。

为此，通常会适当地划分问题域，使得一个线程块能够在一个闭合的数据子集上执行其处理。通过这种方式，在一个线程块中操作的线程就能在相同的共享内存区上合作，从而优化访问。

每个线程的基本步骤如下：

（1）从全局内存将数据加载（*load*）到共享内存。

（2）同步（*synchronize*）线程块的所有线程，使得每个线程可以安全地读其他线程填充的共享内存。

（3）处理（*process*）共享内存的数据。必须完成一个新的同步，确保已经用这个处理结果更新了共享内存。

（4）将结果写（*write*）入全局内存。

为了介绍这种方法，下一节中我们会给出一个基于两个矩阵乘积计算的例子。

8.6.2　实现过程

下面的代码段显示了用标准方法完成两个矩阵乘积的计算（*M*×*N*），这里基于一种顺序方法。输出矩阵 P 的每个元素由矩阵 M 的一个行元素和矩阵 N 的一个列元素得到：

```
void SequentialMatrixMultiplication(float * M,float * N,float * P, int width){
  for (int i = 0; i< width; ++i)
    for(int j = 0;j < width; ++j) {
      float sum = 0;
      for (int k = 0 ; k < width; ++k) {
        float a = M[I * width + k];
        float b = N[k * width + j];
        sum += a * b;
                }
      P[I * width + j] = sum;
    }
}
P[I * width + j] = sum;
```

在这种情况下，如果每个线程的任务分别是计算矩阵的各个元素，那么算法的执行时间主要都会用于内存访问。

我们的做法是由一个线程块一次计算一个输出子矩阵。采用这种方式，访问相同内存块的线程可以合作来优化访问，相应地减少总的计算时间：

（1）第一步是加载实现这个算法所需的所有模块：

```
import numpy as np
from pycuda import driver, compiler, gpuarray, tools
```

（2）然后，初始化 GPU 设备：

```
import pycuda. autoinit
```

（3）我们要实现 kernel＿code＿template，它会实现两个矩阵（分别表示为 a 和 b）的乘积，得到的结果矩阵用参数 c 表示。需要说明，MATRIX＿SIZE 参数将在下一步定义：

```
kernel_code_template = """
```

```
__global__ void MatrixMulKernel(float * a, float * b, float * c)
{
    int tx = threadIdx.x;
    int ty = threadIdx.y;
    float Pvalue = 0;
    for (int k = 0; k < %(MATRIX_SIZE)s; ++k) {
        float Aelement = a[ty * %(MATRIX_SIZE)s + k];
        float Belement = b[k * %(MATRIX_SIZE)s + tx];
        Pvalue += Aelement * Belement;
    }
    c[ty * %(MATRIX_SIZE)s + tx] = Pvalue;
}"""
```

（4）下面的参数将用来设置矩阵的维度。在这里，矩阵大小为 5×5：

```
MATRIX_SIZE = 5
```

（5）我们定义了两个输入矩阵，a_cpu 和 b_cpu，它们将包含随机的浮点数值：

```
a_cpu = np.random.randn(MATRIX_SIZE,
MATRIX_SIZE).astype(np.float32)
b_cpu = np.random.randn(MATRIX_SIZE,
MATRIX_SIZE).astype(np.float32)
```

（6）然后，在主设备（CPU）上计算两个矩阵 a 和 b 的乘积：

```
c_cpu = np.dot(a_cpu, b_cpu)
```

（7）在设备（GPU）上分配内存区，其大小等于输入矩阵的大小：

```
a_gpu = gpuarray.to_gpu(a_cpu)
b_gpu = gpuarray.to_gpu(b_cpu)
```

（8）在 GPU 上分配一个内存区，其大小等于两个矩阵乘积得到的输出矩阵的大小。在这里，得到的矩阵 c_gpu 大小为 5×5：

```
c_gpu = gpuarray.empty((MATRIX_SIZE, MATRIX_SIZE), np.float32)
```

（9）下面的 kernel_code 重新定义了 kernel_code_template，不过这里设置了 matrix_size 参数：

```
kernel_code = kernel_code_template % {
    'MATRIX_SIZE': MATRIX_SIZE}
```

（10）SourceModule 指令告诉 nvcc（*NVIDIA CUDA Compiler*）必须创建一个模块，也就是一个函数集合，其中包含之前定义的 kernel_code：

```
mod = compiler.SourceModule(kernel_code)
```

（11）最后，从这个模块 mod 得到 MatrixMulKernel 函数，指定名为 matrixmul：

```
matrixmul = mod.get_function("MatrixMulKernel")
```

（12）执行两个矩阵 a_gpu 和 b_gpu 的乘积，得到 c_gpu 矩阵。线程块的大小定义为 MATRIX_SIZE，MATRIX_SIZE，1：

```
matrixmul(
    a_gpu, b_gpu,
    c_gpu,
    block = (MATRIX_SIZE, MATRIX_SIZE, 1))
```

（13）打印输出矩阵：

```
print("-" * 80)
print("Matrix A (GPU):")
print(a_gpu.get())
print("-" * 80)
print("Matrix B (GPU):")
print(b_gpu.get())
print("-" * 80)
print("Matrix C (GPU):")
print(c_gpu.get())
```

（14）为了检查 GPU 上所完成计算的正确性，我们将比较两个实现的结果，分别是主设备（CPU）上完成的实现和设备（GPU）上完成的实现。为此，我们使用了 numpy allclose 指令，它会验证两个元素数组相等（公差为 $1e-5$）：

```
np.allclose(c_cpu, c_gpu.get())
```

8.6.3　工作原理

下面来考虑 PyCUDA 编程的工作流程。首先准备输入矩阵、输出矩阵以及在哪里存储结果：

```
MATRIX_SIZE = 5
a_cpu = np.random.randn(MATRIX_SIZE, MATRIX_SIZE).astype(np.float32)
```

```
b_cpu = np. random. randn(MATRIX_SIZE, MATRIX_SIZE). astype(np. float32)
c_cpu = np. dot(a_cpu, b_cpu)
```

然后，使用 gpuarray. to_gpu（）PyCUDA 函数将这些矩阵转移到 GPU 设备：

```
a_gpu = gpuarray. to_gpu(a_cpu)
b_gpu = gpuarray. to_gpu(b_cpu)
c_gpu = gpuarray. empty((MATRIX_SIZE, MATRIX_SIZE), np. float32)
```

这个算法的核心是以下内核函数。需要指出，__global__ 关键字指定这个函数是一个内核函数，这说明在主机代码的一个调用（CPU）之后，将由设备（GPU）执行这个内核函数：

```
__global__ void MatrixMulKernel(float * a, float * b, float * c){
    int tx = threadIdx. x;
    int ty = threadIdx. y;
    float Pvalue = 0;
    for (int k = 0; k < %(MATRIX_SIZE)s; + +k) {
        float Aelement = a[ty * %(MATRIX_SIZE)s + k];
        float Belement = b[k * %(MATRIX_SIZE)s + tx];
        Pvalue + = Aelement * Belement;}
    c[ty * %(MATRIX_SIZE)s + tx] = Pvalue;
}
```

threadIdx. x 和 threadIdy. y 是坐标，用来标识一个二维线程块网格中的线程。注意，网格线程块中的线程执行相同的内核代码，但处理的是不同的数据。如果比较并行版本与串行版本，会立即注意到，循环索引 *i* 和 *j* 被替换为 threadIdx. x 和 threadIdx. y 索引。

这说明，在并行版本中，我们只有一次循环迭代。实际上，MatrixMulKernel 内核将在一个 5×5 的并行线程网格上执行。

这个条件可以用图 8-5 表示。

然后，比较得到的两个矩阵来验证这个乘积计算：

```
np. allclose(c_cpu, c_gpu. get())
```

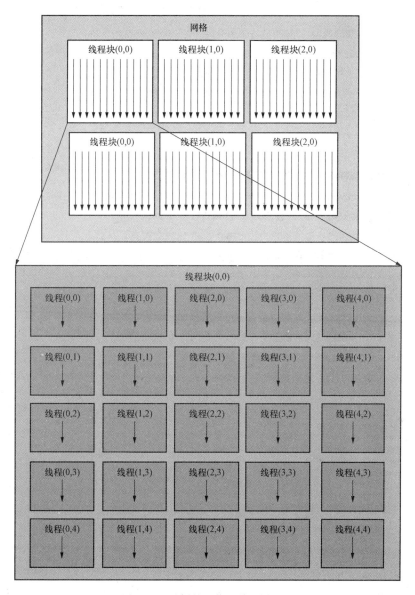

图 8 - 5 示例的网络和线程块组织

输出如下：

```
C:\>python memManagementPycuda.py
```

Matrix A (GPU)：

[[0.90780383 − 0.4782407 0.23222363 − 0.63184392 1.05509627]
[− 1.27266967 − 1.02834761 − 0.15528528 − 0.09468858 1.037099]
[− 0.18135822 − 0.69884419 0.29881889 − 1.15969539 1.21021318]
[0.20939326 − 0.27155793 − 0.57454145 0.1466181 1.84723163]
[1.33780348 − 0.42343542 − 0.50257754 − 0.73388749 − 1.883829]]

_____

Matrix B (GPU)：

[[0.04523897 0.99969769 − 1.04473436 1.28909719 1.10332143]
[− 0.08900332 − 1.3893919 0.06948703 − 0.25977209 − 0.49602833]
[− 0.6463753 − 1.4424541 − 0.81715286 0.67685211 − 0.94934392]
[0.4485206 − 0.77086055 − 0.16582981 0.08478995 1.26223004]
[− 0.79841441 − 0.16199949 − 0.35969591 − 0.46809086 0.20455229]]

_____

Matrix C (GPU)：

[[− 1.19226956 1.55315971 − 1.44614291 0.90420711 0.43665022]
[− 0.73617989 0.28546685 1.02769876 − 1.97204924 − 0.65403283]
[− 1.62555301 1.05654192 − 0.34626681 − 0.51481217 − 1.35338223]
[− 1.0040834 1.00310731 − 0.4568972 − 0.90064859 1.47408712]
[1.59797418 3.52156591 − 0.21708387 2.31396151 0.85150564]]

_____

TRUE

8.6.4 相关内容

共享内存中分配的数据只有有限的可见性，仅在单个线程块中可见。很容易看到，Py-CUDA 编程模型很适合一些特定类型的应用。

具体的，这些应用的特性往往与很多数学操作有关，有高度的数据并行性（也就是说，在大量的数据上重复相同的操作序列）。

以下科学领域的应用往往就有这些特点：密码学、计算化学以及图像和信号分析。

8.6.5 参考资料

关于使用 PyCUDA 的更多示例可以参见 https：//github. com/zamorays/miniCursoPy-cuda。

8.7 PyOpenCL 介绍

PyOpenCL 可谓是 PyCUDA 的姊妹项目。这是一个绑定库，允许从 Python 完全访问 OpenCL 的 API，这个扩展包也是 Andreas Klockner 开发的。它的很多概念都与 PyCUDA 相同，包括对超出作用域的对象进行清理、数据结构之上的部分抽象，以及错误处理，而且所有这些都只需要最小的开销。这是 MIT 许可下的一个项目，有很完备的文档，在网上能找到大量指南和教程。

PyOpenCL 的重点是在 Python 和 OpenCL 之间提供一个轻量级的连接，不过它也包含了对模板和元程序的支持。PyOpenCL 程序的工作流与面向 OpenCL 的 C 或 C++ 程序几乎完全相同。主程序准备设备程序的调用，启动设备程序，然后等待结果。

8.7.1 准备工作

PyOpenCL 安装主要参考 Andreas Klockner 的主页：

https：/ / mathema. tician. de/ software/ pyopencl/。

如果你在使用 Anaconda，建议完成以下步骤：

（1）从以下链接安装面向 Python 3.7 的最新 Anaconda 发布版本：https：/ / www. an-aconda. com/ distribution/ ♯download‐section。对于这一节要完成的工作，我们安装了面向 Windows 的 Anaconda 2019.07 安装工具。

（2）由以下链接得到 Christoph Gohlke 的 PyOpenCL 预构建二进制包：https：/ / www. lfd. uci. edu/ ~gohlke/ pythonlibs/。选择适当的操作系统和 CPython 版本组合。这里我们使用的是 pyopencl‐2019.1+cl12‐cp37‐cp37m‐win_amd64. whl。

（3）使用 pip 安装前面的包。只需要在 Anaconda Prompt 中键入以下命令：

```
(base) C:\> pip install <directory>\pyopencl‐2019.1＋cl12‐cp37‐
cp37m‐win_amd64. whl
```

<directory>是 PyOpenCL 包所在的文件夹。

另外，下面的记法表示我们在 Anaconda Prompt 上操作：

```
(base) C:\>
```

8.7.2 实现过程

在下面的例子中，将使用一个 PyOpenCL 函数列出完成这个操作的 GPU 的特性。我们实现的代码非常简单：

（1）第一步导入 pyopencl 库：

```
import pyopencl as cl
```

（2）要建立一个函数，它的输出会提供当前使用的 GPU 硬件的特性：

```
def print_device_info():
    print('\n' + '=' * 60 + '\nOpenCL Platforms and Devices')
    for platform in cl.get_platforms():
        print('=' * 60)
        print('Platform - Name: ' + platform.name)
        print('Platform - Vendor: ' + platform.vendor)
        print('Platform - Version: ' + platform.version)
        print('Platform - Profile: ' + platform.profile)

        for device in platform.get_devices():
            print('' + '-' * 56)
            print(' Device - Name: '\
                    + device.name)
            print(' Device - Type: '\
                    + cl.device_type.to_string(device.type))
            print(' Device - Max Clock Speed: {0} Mhz'\
                    .format(device.max_clock_frequency))
            print(' Device - Compute Units: {0}'\
                    .format(device.max_compute_units))
            print(' Device - Local Memory: {0:.0f} KB'\
                    .format(device.local_mem_size/1024.0))
            print(' Device - Constant Memory: {0:.0f} KB'\
                    .format(device.max_constant_buffer_size/1024.0))
            print(' Device - Global Memory: {0:.0f} GB'\
                    .format(device.global_mem_size/1073741824.0))
            print(' Device - Max Buffer/Image Size: {0:.0f} MB'\
                    .format(device.max_mem_alloc_size/1048576.0))
            print(' Device - Max Work Group Size: {0:.0f}'\
                    .format(device.max_work_group_size))
    print('\n')
```

（3）下面实现 main 函数，这会调用之前实现的 print_device_info 函数：

```
if __name__ == "__main__":
```

```
print_device_info()
```

8.7.3　工作原理

使用以下命令导入 pyopencl 库：

```
import pyopencl as cl
```

这样我们就可以使用 get_platforms 方法，这个方法会返回一个平台实例列表，也就是系统中的设备列表：

```
for platform in cl.get_platforms():
```

然后，对于找到的每个设备，会显示以下主要特性：

- 设备名和设备类型。
- 最大时钟速度。
- 计算单元。
- 局部/常量/全局内存。

这个例子的输出如下：

```
(base) C:\>python deviceInfoPyopencl.py
===============================================================
OpenCL Platforms and Devices
===============================================================
Platform - Name: NVIDIA CUDA
Platform - Vendor: NVIDIA Corporation
Platform - Version: OpenCL 1.2 CUDA 10.1.152
Platform - Profile: FULL_PROFILE
    -------------------------------------------------------
    Device - Name: GeForce 840M
    Device - Type: GPU
    Device - Max Clock Speed: 1124 Mhz
    Device - Compute Units: 3
    Device - Local Memory: 48 KB
    Device - Constant Memory: 64 KB
    Device - Global Memory: 2 GB
    Device - Max Buffer/Image Size: 512 MB
    Device - Max Work Group Size: 1024
===============================================================
```

```
Platform - Name：Intel(R) OpenCL
Platform - Vendor：Intel(R) Corporation
Platform - Version：OpenCL 2.0
Platform - Profile：FULL_PROFILE

    Device - Name：Intel(R) HD Graphics 5500
    Device - Type：GPU
    Device - Max Clock Speed：950 Mhz
    Device - Compute Units：24
    Device - Local Memory：64 KB
    Device - Constant Memory：64 KB
    Device - Global Memory：3 GB
    Device - Max Buffer/Image Size：808 MB
    Device - Max Work Group Size：256

    Device - Name：Intel(R) Core(TM) i7 - 5500U CPU @ 2.40GHz
    Device - Type：CPU
    Device - Max Clock Speed：2400 Mhz
    Device - Compute Units：4
    Device - Local Memory：32 KB
    Device - Constant Memory：128 KB
    Device - Global Memory：8 GB
    Device - Max Buffer/Image Size：2026 MB
    Device - Max Work Group Size：8192
```

8.7.4　相关内容

OpenCL 目前由 Khronos Group 管理，这是一个非盈利的公司联盟，这些公司共同合作，为各类平台特定 OpenCL 驱动程序的创建定义这个（以及很多其他）标准和兼容参数的规范。

对于用内核语言编写的程序，OpenCL 驱动程序还提供了编译这些程序的函数：这些程序会转换为某种中间语言形式的程序（通常是开发商特定的语言），然后在参考架构上执行。

有关 OpenCL 的更多信息可以参见以下链接：https：/ / www. khronos. org/registry/OpenCL/ 。

8.7.5 参考资料

- PyOpenCL 文档可以从这里得到：https：/ / documen. tician. de/pyopencl/。
- 关于 PyOpenCL 最好的介绍之一（尽管可能有点旧）见以下链接：http：/ / www. drdobbs. com/ open‐source/ easyopencl‐with‐python/ 240162614。

8.8 使用 PyOpenCL 构建应用

构建 PyOpenCL 程序的第一步是编写主机应用。这在 CPU 上完成，它的任务是管理内核在 GPU 卡（也就是设备）上的执行。

内核（*kernel*）是可执行代码的一个基本单元，类似于 C 函数。这可能是数据并行或者任务并行。无论如何，PyOpenCL 最根本的就是要充分利用并行性。

一个基本概念是程序（*program*），这是内核和其他函数的一个集合，类似于动态库。所以我们可以把指令组合到一个内核中，并把不同的内核组合到一个程序中。

可以从应用调用程序。另外执行队列可以指示内核执行的顺序。不过，某些情况下，也可以不按照原先的顺序启动这些内核。

最后列出用 PyOpenCL 开发应用的基本元素：

- **设备（device）**：这是要执行内核代码的硬件。注意 PyOpenCL（以及 PyCUDA）应用不仅在 CPU 和 GPU 卡上都可以运行，还可以在嵌入式设备上运行，如现场可编程门阵列（**Field‐Programmable Gate Arrays，FPGA**）。
- **程序（program）**：这是一组内核，它的任务是选择要在设备上运行哪个内核。
- **内核（kernel）**：这是在设备上执行的代码。内核是一个类 C 的函数，这说明可以在任何支持 PyOpenCL 驱动程序的设备上编译内核。
- **命令队列（command queue）**：这会指定设备上内核的执行顺序。
- **上下文（context）**：这是一组设备，允许设备接收内核和传输数据。

图 8‐6 显示了这个数据结构在一个主机应用中如何工作。

另外可以看到，一个程序可以包含多个在设备上运行的函数，每个内核只封装程序中的一个函数。

8.8.1 实现过程

在下面的例子中，我们将介绍用 PyOpenCL 构建应用的基本步骤：要完成的任务是对两个向量求和。为了有一个可读的输出，我们将考虑各有 100 个元素的两个向量：结果向量的第 i 个元素等于向量 vector_a 的第 i 个元素加上向量 vector_b 的第 i 个元素之和：

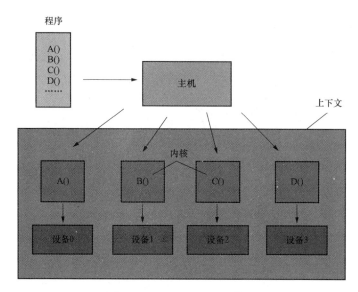

图 8-6　PyOpenCL 编程模型

（1）首先导入所有必要的库：

```
import numpy as np
import pyopencl as cl
import numpy.linalg as la
```

（2）定义要相加的向量的大小，如下：

```
vector_dimension = 100
```

（3）下面定义输入向量 vector_a 和 vector_b：

```
vector_a =
np.random.randint(vector_dimension,size = vector_dimension)
vector_b =
np.random.randint(vector_dimension,size = vector_dimension)
```

（4）按顺序分别定义 platform，device，context 和 queue：

```
platform = cl.get_platforms()[1]
device = platform.get_devices()[0]
context = cl.Context([device])
queue = cl.CommandQueue(context)
```

（5）现在来组织将包含输入向量的内存区：

```
mf = cl.mem_flags
a_g = cl.Buffer(context, mf.READ_ONLY | mf.COPY_HOST_PTR,\
hostbuf = vector_a)
b_g = cl.Buffer(context, mf.READ_ONLY | mf.COPY_HOST_PTR,\
hostbuf = vector_b)
```

（6）最后，使用 Program 方法构建应用内核：

```
program = cl.Program(context, """
__kernel void vectorSum(__global const int * a_g, __global const int
* b_g, __global int * res_g) {
    int gid = get_global_id(0);
    res_g[gid] = a_g[gid] + b_g[gid];
}
""").build()
```

（7）然后分配结果矩阵的内存：

```
res_g = cl.Buffer(context, mf.WRITE_ONLY, vector_a.nbytes)
```

（8）再调用内核函数：

```
program.vectorSum(queue, vector_a.shape, None, a_g, b_g, res_g)
```

（9）在主机内存区中分配用来存储结果的内存空间（res_np）：

```
res_np = np.empty_like(vector_a)
```

（10）将计算的结果复制到所创建的内存区：

```
cl._enqueue_copy(queue, res_np, res_g)
```

（11）最后打印结果：

```
print ("PyOPENCL SUM OF TWO VECTORS")
print ("Platform Selected = % s" % platform.name )
print ("Device Selected =  % s" % device.name)
print ("VECTOR LENGTH = % s" % vector_dimension)
print ("INPUT VECTOR A")
print (vector_a)
print ("INPUT VECTOR B")
print (vector_b)
```

```
print ("OUTPUT VECTOR RESULT A + B ")
print (res_np)
```

（12）然后做一个简单的检查，验证求和操作是否正确：

```
ssert(la.norm(res_np - (vector_a + vector_b))) < 1e - 5
```

8.8.2　工作原理

在相关的导入语句后面，下面几行代码定义了输入向量：

```
vector_dimension = 100
vector_a = np.random.randint(vector_dimension, size = vector_dimension)
vector_b = np.random.randint(vector_dimension, size = vector_dimension)
```

每个向量包含 100 个整数元素，这些元素是通过 numpy 函数随机选择的：

```
np.random.randint(max integer , size of the vector)
```

然后，使用 get_platform () 方法选择要实现计算的平台：

```
platform = cl.get_platforms()[1]
```

再选择相应的设备。在这里，platform.get_devices () [0] 对应 Intel (R) HD Graphics 5500 显卡：

```
device = platform.get_devices()[0]
```

在下面的步骤中，会定义上下文和队列。PyOpenCL 提供了方法上下文（所选择的设备）和队列（所选择的上下文）：

```
context = cl.Context([device])
queue = cl.CommandQueue(context)
```

为了在所选择的设备中完成计算，将输入向量复制到设备内存：

```
mf = cl.mem_flags
a_g = cl.Buffer(context, mf.READ_ONLY | mf.COPY_HOST_PTR,\
hostbuf = vector_a)
b_g = cl.Buffer(context, mf.READ_ONLY | mf.COPY_HOST_PTR,\
 hostbuf = vector_b)
```

然后为结果向量准备缓冲区：

```
res_g = cl.Buffer(context, mf.WRITE_ONLY, vector_a.nbytes)
```

下面定义内核代码：

```
program = cl.Program(context, """
__kernel void vectorSum(__global const int * a_g, __global const int * b_g,
__global int * res_g) {
  int gid = get_global_id(0);
  res_g[gid] = a_g[gid] + b_g[gid];}
""").build()
```

vectorSum 是内核名，参数列表定义了输入参数的数据类型和输出数据类型（都是整数向量）。在内核体中，通过以下步骤定义两个向量之和：

（1）初始化（*Initialize*）向量的索引：int gid ＝ get _ global _ id（0）。

（2）向量元素求和（*Sum*）：res _ g［gid］＝ a _ g［gid］＋ b _ g［gid］。

在 OpenCL 中（相应地在 PyOpenCL 中），缓冲区与一个上下文关联（https：／／docu-men.tician.de/ pyopencl/ runtime. html＃pyopencl. Context），一旦在设备上使用缓冲区，上下文就会移至这个设备。

最后，在设备中执行 vectorSum：

```
program.vectorSum(queue, vector_a.shape, None, a_g, b_g, res_g)
```

为了检查结果，我们使用了 assert 语句。这会测试结果，如果条件为 false，则触发一个错误：

```
assert(la.norm(res_np - (vector_a + vector_b))) < 1e-5
```

输出如下：

```
(base) C:\>python vectorSumPyopencl.py

PyOPENCL SUM OF TWO VECTORS
Platform Selected = Intel(R) OpenCL
Device Selected = Intel(R) HD Graphics 5500
VECTOR LENGTH = 100
INPUT VECTOR A

[45 46 0 97 96 98 83 7 51 21 72 70 59 65 79 92 98 24 56 6 70 64 59 0
 96 78 15 21 4 89 14 66 53 20 34 64 48 20 8 53 82 66 19 53 11 17 39 11
 89 97 51 53 7 4 92 82 90 78 31 18 72 52 44 17 98 3 36 69 25 87 86 68
 85 16 58 4 57 64 97 11 81 36 37 21 51 22 17 6 66 12 80 50 77 94 6 70
 21 86 80 69]
```

INPUT VECTOR B

[25 8 76 57 86 96 58 89 26 31 28 92 67 47 72 64 13 93 96 91 91 36 1 75
　2 40 60 49 24 40 23 35 80 60 61 27 82 38 66 81 95 79 96 23 73 19 5 43
　2 47 17 88 46 76 64 82 31 73 43 17 35 28 48 89 8 61 23 17 56 7 84 36
　95 60 34 9 4 5 74 59 6 89 84 98 25 50 38 2 3 43 64 96 47 79 12 82
　72 0 78 5]

OUTPUT VECTOR RESULT A + B

[70 54 76 154 182 194 141 96 77 52 100 162 126 112 151 156 111 117 152
　97 161 100 60 75 98 118 75 70 28 129 37 101 133 80 95 91 130 58 74 134
　177 145 115 76 84 36 44 54 91 144 68 141 53 80 156 164 121 151 74 35
　107 80 92 106 106 64 59 86 81 94 170 104 80 76 92 13 61 69 171 70 87
　125 121 119 76 72 55 8 69 55 144 146 124 173 18 152 93 86 158 74]

8.8.3　相关内容

在这一节中我们已经了解到，类似于 PyCUDA，PyOpenCL 执行模型也包括一个主处理器管理一个或多个异构设备。具体地，每个 PyOpenCL 命令以源代码的形式从这个主处理器发送到设备，这些命令通过内核函数来定义。

然后将源代码加载到对应参考架构的一个程序对象，将这个程序编译到参考架构，并创建相对于这个程序的内核对象。

一个内核对象可以在数目可变的多个工作组中执行，这会创建一个 n 维计算矩阵，从而可以在各个工作组中有效地将一个问题的工作负载划分为 n 维（1，2 或 3）。相应地，它们由并行工作的多个工作项组成。

要根据一个设备的并行计算能力来平衡每个工作组的工作负载，如果想得更好的应用性能，这是关键要素之一。

如果没有很好地平衡工作负载，再加上各个设备的特定特性（如传输延迟、吞吐量和带宽），倘若没有考虑设备计算能力方面的任何动态信息获取系统，有可能导致性能的极大损失，或者会影响执行时代码的可移植性。

不过，如果能正确使用这些技术，就能通过结合不同计算单元的计算结果来达到更高层次的性能。

8.8.4　参考资料

有关 PyOpenCL 编程的更多信息参见 https：//pydanny-event-notes.readthedocs.io/en/latest/PyConPL2012/async_via_pyopencl.html。

8.9　使用 PyOpenCL 处理元素级表达式

元素级功能允许我们在一次计算中在复杂的表达式（包括多个操作数）上计算内核。

8.9.1　准备工作

PyOpenCL 中实现了 ElementwiseKernel（context，argument，operation，name，optional_parameters）方法来处理元素级表达式。

主要参数如下：

- context 是执行元素级操作的设备或设备组。
- argument 是计算中涉及的所有参数的类 C 参数列表。
- operation 是一个字符串，表示要在参数列表上完成的操作。
- name 是与 Elementwisekernel 关联的内核名。
- optional_parameters 在这个技巧中不重要。

8.9.2　实现过程

在这里，我们再来考虑两个整数向量相加的任务：

（1）首先导入相关的库：

```
import pyopencl as cl
import pyopencl. array as cl_array
import numpy as np
```

（2）定义上下文元素（context）和命令队列（queue）：

```
context = cl. create_some_context()
queue = cl. CommandQueue(context)
```

（3）在这里，设置向量维度以及为输入和输出向量分配的空间：

```
vector_dim = 100
vector_a = cl_array. to_device(queue,np. random. randint(100,\
size = vector_dim))
vector_b = cl_array. to_device(queue,np. random. randint(100,\
size = vector_dim))
result_vector = cl_array. empty_like(vector_a)
```

（4）设置 elementwiseSum 为 ElementwiseKernel 的应用，然后为它设置一组参数，定义

要在输入向量上应用的操作：

```
elementwiseSum = cl.elementwise.ElementwiseKernel(context, "int
*a,\
int * b, int * c", "c[i] = a[i] + b[i]", "sum")
elementwiseSum(vector_a, vector_b, result_vector)
```

（5）最后打印结果：

```
print ("PyOpenCL ELEMENTWISE SUM OF TWO VECTORS")
print ("VECTOR LENGTH = % s" % vector_dimension)
print ("INPUT VECTOR A")
print (vector_a)
print ("INPUT VECTOR B")
print (vector_b)
print ("OUTPUT VECTOR RESULT A + B ")
print (result_vector)
```

8.9.3 工作原理

在脚本的第一行代码中，导入所有必需的模块。

为了初始化上下文，我们使用了 cl.create_some_context（）方法。这会询问用户要使用哪个上下文来完成计算：

Choose platform：
[0] <pyopencl.Platform 'NVIDIA CUDA' at 0x1c0a25aecf0>
[1] <pyopencl.Platform 'Intel(R) OpenCL' at 0x1c0a2608400>

然后，需要实例化将接收 ElementwiseKernel 的队列：

```
queue = cl.CommandQueue(context)
```

实例化输入和输出向量。输入向量 vector_a 和 vector_b 是包含随机值的整数向量，这些随机值使用 random.randint NumPy 函数得到。然后使用以下 PyOpenCL 语句将这些向量复制到设备：

```
cl.array_to_device(queue,array)
```

在 ElementwiseKernel 中，创建一个对象：

```
elementwiseSum = cl.elementwise.ElementwiseKernel(context,\
            "int * a, int * b, int * c", "c[i] = a[i] + b[i]", "sum")
```

注意，所有参数格式化为一个 C 参数列表（它们都是整数）并表示为一个字符串形式。

操作是一个类 C 的代码段，会具体执行操作，也就是完成输入向量元素的求和。

将编译的内核函数名为 sum。

最后，调用 elementwiseSum 函数并提供前面定义的参数：

elementwiseSum(vector_a, vector_b, result_vector)

要这个例子的最后，要打印输入向量和得到的结果。输出如下所示：

(base) C:\>python elementwisePyopencl.py

Choose platform：
[0] <pyopencl.Platform 'NVIDIA CUDA' at 0x1c0a25aecf0>
[1] <pyopencl.Platform 'Intel(R) OpenCL' at 0x1c0a2608400>
Choice [0]：1

Choose device(s)：
[0] <pyopencl.Device 'Intel(R) HD Graphics 5500' on 'Intel(R) OpenCL' at
0x1c0a1640db0>
[1] <pyopencl.Device 'Intel(R) Core(TM) i7 – 5500U CPU @ 2.40GHz' on
'Intel(R) OpenCL' at 0x1c0a15e53f0>
Choice, comma – separated [0]：0
PyOpenCL ELEMENTWISE SUM OF TWO VECTORS
VECTOR LENGTH = 100
INPUT VECTOR A
[24 64 73 37 40 4 41 85 19 90 32 51 6 89 98 56 97 53 34 91 82 89 97 2
 54 65 90 90 91 75 30 8 62 94 63 69 31 99 8 18 28 7 81 72 14 53 91 80
 76 39 8 47 25 45 26 56 23 47 41 18 89 17 82 84 10 75 56 89 71 56 66 61
 58 54 27 88 16 20 9 61 68 63 74 84 18 82 67 30 15 25 25 3 93 36 24 27
 70 5 78 15]

INPUT VECTOR B
[49 18 69 43 51 72 37 50 79 34 97 49 51 29 89 81 33 7 47 93 70 52 63 90
 99 95 58 33 41 70 84 87 20 83 74 43 78 34 94 47 89 4 30 36 34 56 32 31
 56 22 50 52 68 98 52 80 14 98 43 60 20 49 15 38 74 89 99 29 96 65 89 41
 72 53 89 31 34 64 0 47 87 70 98 86 41 25 34 10 44 36 54 52 54 86 33 38
 25 49 75 53]

```
OUTPUT VECTOR RESULT A + B
[73 82 142 80 91 76 78 135 98 124 129 100 57 118 187 137 130 60 81 184
 152 141 160 92 153 160 148 123 132 145 114 95 82 177 137 112 109 133
 102 65 117 11 111 108 48 109 123 111 132 61 58 99 93 143 78 136 37 145
 84 78 109 66 97 122 84 164 155 118 167 121 155 102 130 107 116 119 50
 84 9 108 155 133 172 170 59 107 101 40 59 61 79 55 147 122 57 65
 95 54 153 68]
```

8.9.4 相关内容

PyCUDA 也有元素级功能：

```
ElementwiseKernel(arguments,operation,name,optional_parameters)
```

除了上下文参数，这个特性与为 PyOpenCL 构建的函数有几乎相同的参数。对于这一节的例子，如果通过 PyCUDA 实现，代码如下：

```
import pycuda.autoinit
import numpy
from pycuda.elementwise import ElementwiseKernel
import numpy.linalg as la

vector_dimension = 100
input_vector_a = np.random.randint(100,size = vector_dimension)
input_vector_b = np.random.randint(100,size = vector_dimension)
output_vector_c = gpuarray.empty_like(input_vector_a)

elementwiseSum = ElementwiseKernel(" int * a, int * b, int * c",\
                        "c[i] = a[i] + b[i]"," elementwiseSum ")
elementwiseSum(input_vector_a, input_vector_b,output_vector_c)

print ("PyCUDA ELEMENTWISE SUM OF TWO VECTORS")
print ("VECTOR LENGTH = % s" % vector_dimension)
print ("INPUT VECTOR A")
print (vector_a)
print ("INPUT VECTOR B")
print (vector_b)
print ("OUTPUT VECTOR RESULT A + B ")
print (result_vector)
```

8.9.5 参考资料

在下面的链接中，你会找到 PyOpenCL 应用的一些有意思的例子：https：/ /github. com/ romanarranz/ PyOpenCL。

8.10 评价 PyOpenCL 应用

在这一节中，我们将使用 PyOpenCL 库对 CPU 和 GPU 的性能做一个比较测试。

实际上，在研究所实现的算法的性能之前，了解计算平台提供的计算特性也很重要。

8.10.1 准备工作

计算系统的特定特性会影响计算时间，所以这是一个很重要的方面。

在下面的例子中，我们将完成一个测试来监控以下系统的性能：

- GPU：GeForce 840M。
- CPU：Intel Core i7－2.40GHz。
- RAM：8GB。

8.10.2 实现过程

在下面的测试中，会评价和比较一个数学操作（如包含浮点数元素的两个向量之和）的计算时间。为了完成这个比较，我们会用两个不同的函数完成同样的操作。

第一个函数只由 CPU 计算，而第二个函数使用 PyOpenCL 库编写，会使用 GPU 卡。这个测试在包含 10000 个元素的向量上完成。

代码如下：

（1）导入相关的库。注意这里导入了 time 库来得到计算时间，另外导入了 linalg 库，这是 numpy 库的线性代数工具之一：

```
from time import time
import pyopencl as cl
import numpy as np
import deviceInfoPyopencl as device_info
import numpy. linalg as la
```

（2）然后，定义输入向量。它们都包含 10000 个随机浮点数元素：

```
a = np. random. rand(10000). astype(np. float32)
```

```
b = np.random.rand(10000).astype(np.float32)
```

（3）下面的函数在 CPU（主设备）上计算两个向量之和：

```
def test_cpu_vector_sum(a, b):
    c_cpu = np.empty_like(a)
    cpu_start_time = time()
    for i in range(10000):
            for j in range(10000):
                    c_cpu[i] = a[i] + b[i]
    cpu_end_time = time()
    print("CPU Time: {0} s".format(cpu_end_time - cpu_start_time))
    return c_cpu
```

（4）下面的函数在 GPU（设备）上计算两个向量之和：

```
def test_gpu_vector_sum(a, b):
    platform = cl.get_platforms()[0]
    device = platform.get_devices()[0]
    context = cl.Context([device])
    queue = cl.CommandQueue(context,properties = \
cl.command_queue_properties.PROFILING_ENABLE)
```

（5）在 test _ gpu _ vector _ sum 函数中，我们准备了内存缓冲区来包含输入向量和输出向量：

```
a_buffer = cl.Buffer(context,cl.mem_flags.READ_ONLY \
            | cl.mem_flags.COPY_HOST_PTR, hostbuf = a)
b_buffer = cl.Buffer(context,cl.mem_flags.READ_ONLY \
            | cl.mem_flags.COPY_HOST_PTR, hostbuf = b)
c_buffer = cl.Buffer(context,cl.mem_flags.WRITE_ONLY, b.nbytes)
```

（6）另外，在 test _ gpu _ vector _ sum 函数中，我们定义了内核，它将在设备上计算两个向量之和：

```
program = cl.Program(context, """
__kernel void sum(__global const float * a,\
                __global const float * b,\
                __global float * c){
    int i = get_global_id(0);
    int j;
    for(j = 0; j < 10000; j + +){
```

```
        c[i] = a[i] + b[i];}
}""").build()
```

（7）然后在开始计算之前，重置 gpu_start_time 变量。在此之后，计算两个向量之和，然后得到计算时间：

```
gpu_start_time = time()
event = program.sum(queue, a.shape, None,a_buffer, b_buffer,\
        c_buffer)
event.wait()
elapsed = 1e-9 * (event.profile.end - event.profile.start)
print("GPU Kernel evaluation Time：{0} s".format(elapsed))
c_gpu = np.empty_like(a)
cl._enqueue_read_buffer(queue, c_buffer, c_gpu).wait()
gpu_end_time = time()
print("GPU Time：{0} s".format(gpu_end_time - gpu_start_time))
return c_gpu
```

（8）最后完成测试，调用之前定义的两个函数：

```
if __name__ == "__main__":
    device_info.print_device_info()
    cpu_result = test_cpu_vector_sum(a, b)
    gpu_result = test_gpu_vector_sum(a, b)
    assert (la.norm(cpu_result - gpu_result)) < 1e-5
```

8.10.3 工作原理

前面解释过，这个测试要执行计算任务，通过 test_cpu_vector_sum 函数在 CPU 上执行，然后通过 test_gpu_vector_sum 函数在 GPU 上执行。

两个函数都会报告执行时间。

对于在 CPU 上执行的测试函数 test_cpu_vector_sum，这里包括 10000 个向量元素上的两个计算循环：

```
cpu_start_time = time()
    for i in range(10000):
            for j in range(10000):
                c_cpu[i] = a[i] + b[i]
    cpu_end_time = time()
```

总的 CPU 时间为以下两个时间之差：

```
CPU Time = cpu_end_time - cpu_start_time
```

对于 test _ gpu _ vector _ sum 函数，通过查看执行内核可以看到：

```
_kernel void sum(_global const float * a,
                 _global const float * b,
                 _global float * c){
    int i = get_global_id(0);
    int j;
    for(j = 0;j< 10000;j + +){
        c[i] = a[i] + b[i];}
```

两个向量求和通过一个计算循环完成。

可以想见，结果将是 test _ gpu _ vector _ sum 函数的执行时间会显著减少。

(base) C:\>python testApplicationPyopencl. py

===

OpenCL Platforms and Devices

===

Platform - Name：NVIDIA CUDA

Platform - Vendor：NVIDIA Corporation

Platform - Version：OpenCL 1. 2 CUDA 10. 1. 152

Platform - Profile：FULL_PROFILE

───

　　Device - Name：GeForce 840M

　　Device - Type：GPU

　　Device - Max Clock Speed：1124 Mhz

　　Device - Compute Units：3

　　Device - Local Memory：48 KB

　　Device - Constant Memory：64 KB

　　Device - Global Memory：2 GB

　　Device - Max Buffer/Image Size：512 MB

　　Device - Max Work Group Size：1024

===

Platform - Name：Intel(R) OpenCL

Platform - Vendor：Intel(R) Corporation

```
Platform - Version：OpenCL 2.0
Platform - Profile：FULL_PROFILE
```

```
    Device - Name：Intel(R) HD Graphics 5500
    Device - Type：GPU
    Device - Max Clock Speed：950 Mhz
    Device - Compute Units：24
    Device - Local Memory：64 KB
    Device - Constant Memory：64 KB
    Device - Global Memory：3 GB
    Device - Max Buffer/Image Size：808 MB
    Device - Max Work Group Size：256
```

```
    Device - Name：Intel(R) Core(TM) i7 - 5500U CPU @ 2.40GHz
    Device - Type：CPU
    Device - Max Clock Speed：2400 Mhz
    Device - Compute Units：4
    Device - Local Memory：32 KB
    Device - Constant Memory：128 KB
    Device - Global Memory：8 GB
    Device - Max Buffer/Image Size：2026 MB
    Device - Max Work Group Size：8192
```

```
CPU Time：39.505873918533325 s
GPU Kernel evaluation Time：0.013606592 s
GPU Time：0.019981861114501953 s
```

尽管这个测试在计算上并不昂贵，不过从中可以充分看到 GPU 卡的潜力。

8.10.4　相关内容

OpenCL 是一个标准化的跨平台 API，可以用于开发并行应用，这些应用能充分利用异构系统中的并行计算能力。它与 CUDA 有很多相似之处，包括内存体系结构到线程与工作项之间的直接对应等所有方面。

即使在编程层次，也有很多相似的方面和功能相同的扩展包。

不过，由于 OpenCL 能够支持大量不同的硬件，所以有一个更为复杂的设备管理模型。另一方面，OpenCL 设计为在不同制造商的产品之间具有代码可移植性。

再来看 CUDA，由于它更成熟并且是专用硬件，所以可以提供简化的设备管理和更高层次的 API，因此更适用，不过仅限于处理特定的架构时（也就是 NVIDIA 显卡）。

CUDA 和 OpenCL 库以及 PyCUDA 和 PyOpenCL 库的优缺点会在下面的小节中解释。

OpenCL 和 PyOpenCL 的优点

优点如下：

- 允许使用有不同类型微处理器的异构系统。
- 可以在不同的系统上运行相同的代码。

OpenCL 和 PyOpenCL 的缺点

缺点如下：

- 复杂的设备管理。
- API 不完全稳定。

CUDA 和 PyCUDA 的优点

优点如下：

- 抽象层次很高的 API。
- 提供多种编程语言的扩展包。
- 丰富的文档和庞大的社区。

CUDA 和 PyCUDA 的缺点

缺点如下：

- 只支持最新的 NVIDIA GPU 作为设备。
- CPU 和 GPU 的异构性降低。

8.10.5　参考资料

Andreas Klockner 对使用 PyCuda 和 PyOpenCL 的 GPU 编程做了一系列演讲，参见 https：//www.bu.edu/pasi/courses/gpu-programming-withpyopencl-and-pycuda/和 https：//www.youtube.com/results?search_query=pyopenCL+and+pycuda。

8.11　使用 Numba 的 GPU 编程

Numba 是一个 Python 编译器，提供了基于 CUDA 的 API。这个编译器主要设计为完成数值计算任务，类似于 NumPy 库。具体地，numba 库会管理和处理 NumPy 提供的数组数据类型。

实际上，利用数据并行性（这是涉及数组的数值计算固有的性质）是 GPU 加速器的一个自然选择。

Numba 编译器的做法是，为 Python 函数指定签名类型（或修饰符），并启用运行时编译（这种编译也称为即时编译）。

最重要的修饰符如下：

• jit：允许开发人员编写类 CUDA 的函数。遇到这个修饰符时，编译器会把这个修饰符下面的代码转换为伪汇编 PTX 语言，从而可以由 GPU 执行。

• autojit：这会标记一个函数延迟编译（*deferred compilation*），这表示，有这个签名的函数只编译一次。

• vectorize：这会创建一个所谓的 **NumPy Universal** 函数（**ufunc**），会利用向量参数并行地执行一个函数。

• guvectorize：这会建立一个所谓的 **NumPy Generalized Universal** 函数（**gufunc**）。gufunc 对象可以在整个子数组上操作。

8.11.1 准备工作

Numba（0.45 版本）与 Python 2.7 和 3.5 或以后版本兼容，另外与 NumPy 1.7 到 1.16 版本兼容。

要安装 numba，类似于 pyopencl，建议使用 Anaconda 框架来安装，所以，只需从 Anaconda Prompt 键入以下命令：

```
(base) C:\> conda install numba
```

另外，要充分发挥 numba 的潜力，必须安装 cudatoolkit 库：

```
(base) C:\> conda install cudatoolkit
```

在此之后，可以验证是否能正确地检测到 CUDA 库和 GPU。

从 Anaconda Prompt 打开 Python 解释器：

```
(base) C:\> python
Python 3.7.3 (default, Apr 24 2019, 15:29:51) [MSC v.1915 64 bit (AMD64)]
:: Anaconda, Inc. on win32
Type "help", "copyright", "credits" or "license" for more information.
>>
```

第一个测试检查是否正确地安装了 CUDA 库（cudatoolkit）：

```
>>> import numba.cuda.api
>>> import numba.cuda.cudadrv.libs
>>> numba.cuda.cudadrv.libs.test()
```

下面的输出显示了安装的情况，所有检查都返回一个肯定的结果（**ok**）：

```
Finding cublas from Conda environment
 located at C:\Users\Giancarlo\Anaconda3\Library\bin\cublas64_10.dll
 trying to open library... ok
Finding cusparse from Conda environment
 located at C:\Users\Giancarlo\Anaconda3\Library\bin\cusparse64_10.dll
 trying to open library... ok
Finding cufft from Conda environment
 located at C:\Users\Giancarlo\Anaconda3\Library\bin\cufft64_10.dll
 trying to open library... ok
Finding curand from Conda environment
 located at C:\Users\Giancarlo\Anaconda3\Library\bin\curand64_10.dll
 trying to open library... ok
Finding nvvm from Conda environment
 located at C:\Users\Giancarlo\Anaconda3\Library\bin\nvvm64_33_0.dll
 trying to open library... ok
Finding libdevice from Conda environment
 searching for compute_20... ok
 searching for compute_30... ok
 searching for compute_35... ok
 searching for compute_50... ok
True
```

在第二个测试中，要检查显卡是否存在：

```
>>> numba.cuda.api.detect()
```

输出会显示是否找到了显卡以及是否支持：

```
Found 1 CUDA devices
id 0 b'GeForce 840M' [SUPPORTED]
                    compute capability: 5.0
                        pci device id: 0
```

```
                    pci bus id: 8
Summary:
        1/1 devices are supported
True
```

8.11.2 实现过程

在这个例子中，我们使用@guvectorize 注解来展示 Numba 编译器。

这里要执行的任务是矩阵相乘：

（1）导入 numba 库的 guvectorize 以及 numpy 模块：

```
from numba import guvectorize
import numpy as np
```

（2）使用@guvectorize 修饰符，定义 matmul 函数，它会完成矩阵相乘任务：

```
@guvectorize(['void(int64[:,:], int64[:,:], int64[:,:])'],
             '(m,n),(n,p)->(m,p)')
def matmul(A, B, C):
    m, n = A.shape
    n, p = B.shape
    for i in range(m):
        for j in range(p):
            C[i, j] = 0
            for k in range(n):
                C[i, j] += A[i, k] * B[k, j]
```

（3）输入矩阵的大小为 10×10，元素为整数：

```
dim = 10
A = np.random.randint(dim,size=(dim, dim))
B = np.random.randint(dim,size=(dim, dim))
```

（4）最后，在之前定义的输入矩阵上调用 matmul 函数：

```
C = matmul(A, B)
```

（5）打印输入矩阵以及得到的结果矩阵：

```
print("INPUT MATRIX A")
print(":\n%s" % A)
print("INPUT MATRIX B")
```

```
print(":\n%s" % B)
print("RESULT MATRIX C = A * B")
print(":\n%s" % C)
```

8.11.3 工作原理

@guvectorize 修饰符作用于数组参数，它取 4 个参数来指定 gufunc 签名：

• 前 3 个参数指定要管理的数据类型和整数数组 void（int64 [:,:]，int64 [:,:]，int64 [:,:]）。

• @guvectorize 的最后一个参数指定如何管理矩阵维度：(m, n), (n, p) -> (m, p).

然后，定义矩阵乘法操作，其中 A 和 B 是输入矩阵，C 是输出矩阵：$A(m,n) * B(n,p) = C(m,p)$，这里 m, n 和 p 是矩阵维度。

通过对矩阵索引的 3 个 for 循环完成矩阵乘积：

```
for i in range(m):
    for j in range(p):
        C[i, j] = 0
        for k in range(n):
            C[i, j] += A[i, k] * B[k, j]
```

这里使用了 randint NumPy 函数来建立维度为 10×10 的输入矩阵：

```
dim = 10
A = np.random.randint(dim,size=(dim, dim))
B = np.random.randint(dim,size=(dim, dim))
```

最后，调用 matmul 函数并提供这些矩阵作为参数，然后打印得到的结果矩阵 C：

```
C = matmul(A, B)
print("RESULT MATRIX C = A * B")
print(":\n%s" % C)
```

要执行这个例子，键入以下命令：

(base) C:\>python matMulNumba.py

这个结果显示了作为输入给定的两个矩阵和它们相乘得到的结果矩阵：

INPUT MATRIX A

:

[[8 7 1 3 1 0 4 9 2 2]

```
[3627798449]
[8999111180]
[0507132073]
[4264129105]
[3065104374]
[0972143373]
[1727180341]
[5150772309]
[4636033412]]
```

INPUT MATRIX B

:

```
[[2146649952]
[8676592109]
[4124829514]
[9915051171]
[8783914315]
[7258358562]
[5314372995]
[8793417804]
[3042388862]
[8671830889]]
```

RESULT MATRIX C = A * B

:

```
[[225 172 201 161 170 172 189 230 127 169]
[400 277 289 251 278 276 240 324 295 273]
[257 171 177 217 208 254 265 224 176 174]
[187 130 116 117 94 175 105 128 152 114]
[199 133 117 143 168 156 143 214 188 157]
[180 118 124 113 152 149 175 213 167 122]
[238 142 186 165 188 215 202 200 139 192]
[237 158 162 176 122 185 169 140 137 130]
[249 160 220 159 249 125 201 241 169 191]
[209 152 142 154 131 160 147 161 132 137]]
```

8. 11. 4　相关内容

使用 PyCUDA 为一个归约操作编写算法可能相当复杂。对于这种操作，Numba 提供了

@reduce 修饰符，可以将简单的二元操作转换为归约内核（reduction kernels）。

归约操作将一组值归约为一个值。归约操作的一个典型的例子是计算一个数组中所有元素之和。举例来说，考虑以下元素数组：1，2，3，4，5，6，7，8。

顺序算法会使用图 8-7 所示的方式操作，也就是说，一个接一个地将数组元素相加。

并行算法按照图 8-8 模式操作。

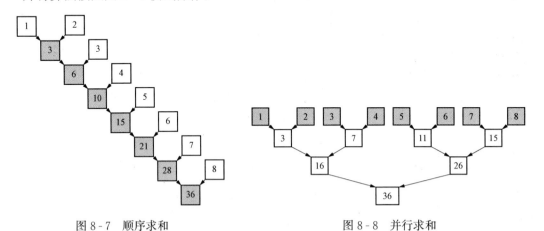

图 8-7 顺序求和   图 8-8 并行求和

显然，后者的执行时间更短。

通过使用 Numba 和@reduce 修饰符，我们可以只用几行代码写一个算法来实现从 1～10000 的整数数组的并行求和：

```
import numpy
from numba import cuda

@cuda. reduce
def sum_reduce(a, b):
    return a + b

A = (numpy. arange(10000, dtype = numpy. int64)) + 1
print(A)
got = sum_reduce(A)
print(got)
```

可以键入以下命令执行前面的例子：

（base）C:\>python reduceNumba. py

得到的结果如下：

```
vector to reduce = [ 1 2 3 ... 9998 9999 10000 ]
result = 50005000
```

8.11.5 参考资料

在以下存储库中，可以找到 Numba 的很多例子：https：∕∕github.com/numba/numba‑examples。关于 Numba 和 CUDA 编程有一个很有意思的介绍，参见 https：∕∕nyu‑cds.github.io/python‑numba/05‑cuda/。

第 9 章　Python 调试和测试

最后这一章将介绍两个重要的软件工程主题——调试和测试，它们是软件开发过程中很重要的步骤。

这一章第一部分重点介绍代码调试。Bug 是程序中的一个错误，可能导致不同的问题，取决于具体情况，这些问题可能或多或少有些严重。为了帮助程序员查找 bug，会使用一些特殊的软件工具，这称为**调试工具（debugger）**。通过使用这些软件工具，我们能够利用特定的调试功能找出程序中的错误或故障，这个活动的目的就是为了识别软件中受 bug 影响的部分。

第二部分的主题是软件测试（*software testing*）：这个过程用来识别一个正在开发的软件产品在正确性、完整性和可靠性方面的缺陷。

所以在调试方面，我们将研究用来调试代码的 3 个最重要的 Python 工具，分别是winpdb - reborn、pdb 和 rpdb。winpdb - reborn 会利用一个可视化工具进行调试；pdb 是Python 标准库的调试工具；rpdb 中 r 代表远程（remote），这表示会从一个远程机器调试代码。

对于软件测试，我们会介绍以下工具：unittest 和 nose。

这些工具是开发单元测试的框架，这里所说的单元是一个独立操作中一个程序的最小组件。

这一章中，我们将介绍以下主题：

- 什么是调试？
- 什么是软件测试？
- 使用 Winpdb Reborn 调试。
- 与 pdb 交互。
- 实现 rpdb 调试。
- 处理 unittest。
- 使用 nose 测试应用。

9.1　什么是调试?

调试（*debugging*）一词是指找出有问题的代码段的活动，使用软件时检测到这个代段中存在一个或多个错误（bug）。

可以在程序的测试阶段找出错误，也就是仍在开发阶段，还没有准备好由最终用户使用，或者在最终用户使用程序时才发现错误。发现错误后，调试阶段要确定有错误的软件部分，有时这会很复杂。

如今，有一些特定的应用和调试工具可以支持这个活动，它们逐步地使用软件指令向程序员显示执行过程，使程序员在查看和分析输入的同时可以查看程序本身的输出。

在能够使用这些工具找出和修正错误之前（甚至是现在，倘若没有这些工具），最简单（也是效率最低的）代码审查技术是打印一个文件，或者在屏幕上打印程序执行的指令。

调试是程序开发中最重要的操作之一。由于所开发的软件相当复杂，调试往往极为困难。甚至还有可能引入新的错误或行为，这些行为可能与修正错误所要求的行为不一致，这种风险会使调试更为复杂。

尽管每一次使用调试来完善软件的任务各不相同，不过都适用一些一般原则。具体地，在软件应用领域，往往有以下 4 个调试阶段（*debugging phases*），在图 9-1 中做了总结。

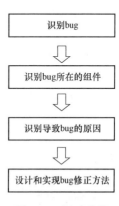

图 9-1　调试阶段

 当然，Python 为开发人员提供了很多调试工具（参见 https：//wiki. python. org/ moin/ PythonDebuggingTools，其中提供了 Python 调试工具的一个列表）。这一章中，我们将考虑 Winpdb Reborn、rpdb 和 pdb。

9.2　什么是软件测试？

在这一章前言中提到过，软件测试过程用来识别所开发软件产品在正确性、完整性和可靠性方面的缺陷。

因此，利用测试活动，我们希望通过查找缺陷，或者通过检查一个指令和过程序列（这些指令和过程对于特定的输入数据并且在特定的操作环境下会出现故障），来确保软件产品的质量。故障（malfunction）是指软件的一个行为不是用户预期的行为，也就是说，它与规范不符，而且不同于为这些应用定义的隐式或显式的需求。

因此，测试的目的就是通过故障来检测缺陷，从而尽可能减少正常使用这个软件产品时出现这些故障的概率。测试并不能建立一个在所有可能的执行情况下都正确工作的产品，但是可以找出特定条件下的问题。

　　实际上，由于不可能测试所有输入组合以及执行应用的所有可能的软件和硬件环境，所以并不能将故障的概率减到 0，但是必须尽可能减少，从而能让用户接受。

　　一种特定类型的软件测试是单元测试（就是这一章要介绍的），单元测试的目的是隔离一个程序的各个部分，并显示其实现的正确性和完整性。如果代码有问题，单元测试会立即指出问题，从而能够在集成之前很容易地修正。

　　另外，单元测试可以在时间和资源方面降低识别和修正缺陷的成本，尽管对整个应用完成测试可以得到相同的结果，但相比之下，单元测试的成本更低。

9.3　使用 Winpdb Reborn 调试

　　Winpdb Reborn 是最重要也最著名的 Python 调试工具之一。这个调试工具的主要优点是能管理基于线程的代码的调试。

 Winpdb Reborn 基于 RPDB2 调试工具，而 Winpdb 是 RPDB2 的 GUI 前端（参见：https：//github.com/bluebird75/winpdb/blob/master/rpdb2.py）。

9.3.1　准备工作

　　安装 Winpdb Reborn（*2.0.0 dev5 版本*）最常用的方法是通过 pip，所以需要在控制台键入以下命令：

```
C:\>pip install winpdb-reborn
```

　　另外，如果你还没有在你的 Python 发布版本中安装 wxPython，那么还要安装这个工具包。wxPython 是一个面向 Python 的跨平台 GUI 工具包。

 对于 Python 2.x 版本，请参考 https：//sourceforge.net/projects/wxpython/files/wxPython/。对于 Python 3.x 版本，wxPython 会作为一个依赖包通过 pip 自动安装。

　　在下一节中，我们将通过使用 Winpdb Reborn 的一个简单例子来分析这个工具的主要特点和图形界面。

9.3.2　实现过程

　　假设我们想要分析以下 Python 应用，它使用了 threading 库。这个例子非常类似于第 2 章 "基于线程的并行" 中 "2.5　定义一个线程子类" 一节介绍的例子。在下面的例子中，我们使用了 MyThreadClass 类来创建线程并管理 3 个线程的执行。下面是要调试的完整代码：

```python
import time
import os
from random import randint
from threading import Thread

class MyThreadClass (Thread):
    def __init__(self, name, duration):
        Thread.__init__(self)
        self.name = name
        self.duration = duration
    def run(self):
        print ("——> " + self.name + \
            " running, belonging to process ID "\
            + str(os.getpid()) + "\n")
        time.sleep(self.duration)
        print ("——> " + self.name + " over\n")
def main():
    start_time = time.time()
    # Thread Creation
    thread1 = MyThreadClass("Thread#1 ", randint(1,10))
    thread2 = MyThreadClass("Thread#2 ", randint(1,10))
    thread3 = MyThreadClass("Thread#3 ", randint(1,10))

    # Thread Running
    thread1.start()
    thread2.start()
    thread3.start()

    # Thread joining
    thread1.join()
    thread2.join()
    thread3.join()

    # End
    print("End")

    #Execution Time
```

```
        print("── % s seconds ── " % (time.time() - start_time))

if __name__ == "__main__":
    main()
```

来看以下步骤：

（1）打开你的控制台，键入包含示例文件 winpdb _ reborn _ code _ example. py 的文件夹名：

python – m winpdb . \winpdb_reborn_code_example. py

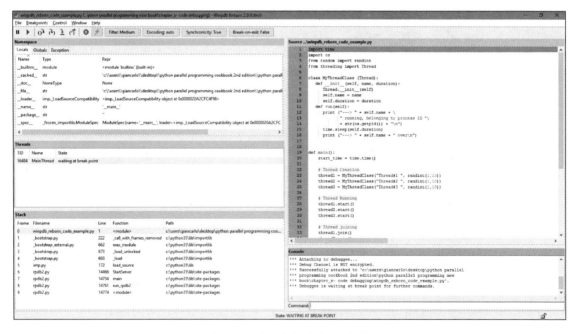

这在 macOS 上也适用，不过必须使用 Python 的一个框架构建版本。如果通过 Anaconda 使用 Winpdb Reborn，只需要使用 pythonw 而不是 python 来启动一个 Winpdb Reborn 会话。

（2）如果安装成功，会打开 Winpdb Reborn GUI（见图 9 - 2）：

图 9 - 2　Windpdb Reborn GUI

（3）在图 9 - 3 中可以看到，我们插入了两个断点（使用 **Breakpoints** 菜单），分别位于第 12 行和第 23 行（用深色突出显示）：

```
Source ...\winpdb_reborn_code_example.py
 1   import time
 2   import os
 3   from random import randint
 4   from threading import Thread
 5
 6   class MyThreadClass (Thread):
 7      def __init__(self, name, duration):
 8         Thread.__init__(self)
 9         self.name = name
10         self.duration = duration
11      def run(self):
12         print ("---> " + self.name + \
13              " running, belonging to process ID "\
14              + str(os.getpid()) + "\n")
15         time.sleep(self.duration)
16         print ("---> " + self.name + " over\n")
17
18
19   def main():
20      start_time = time.time()
21
22      # Thread Creation
23      thread1 = MyThreadClass("Thread#1 ", randint(1,10))
24      thread2 = MyThreadClass("Thread#2 ", randint(1,10))
25      thread3 = MyThreadClass("Thread#3 ", randint(1,10))
26
```

图 9 - 3　代码断点

> 要了解什么是断点，参考这个技巧的"*9.3.4　相关内容*"一节。

（4）还是在 **Source** 窗口中，把鼠标放在第 23 行上，这里我们插入了第 2 个断点，按下 F8 键，然后按下 F5 键。断点会使代码执行到所选择的行。可以看到，**Namespace** 指示我们在考虑 MyThreadClass 类的一个实例（见图 9 - 4），thread#1 作为它的一个参数：

图 9 - 4　Namespace

（5）调试工具的另一个基本特性是 **Step Into**（单步跟踪）功能，即不仅检查所调试的代码，还可以调试执行所调用的库函数和子例程。

（6）删除之前的断点之前（**Menu** ┃ **Breakpoints** ┃ **ClearAll**），在第 28 行插入新断点（见图 9-5）。

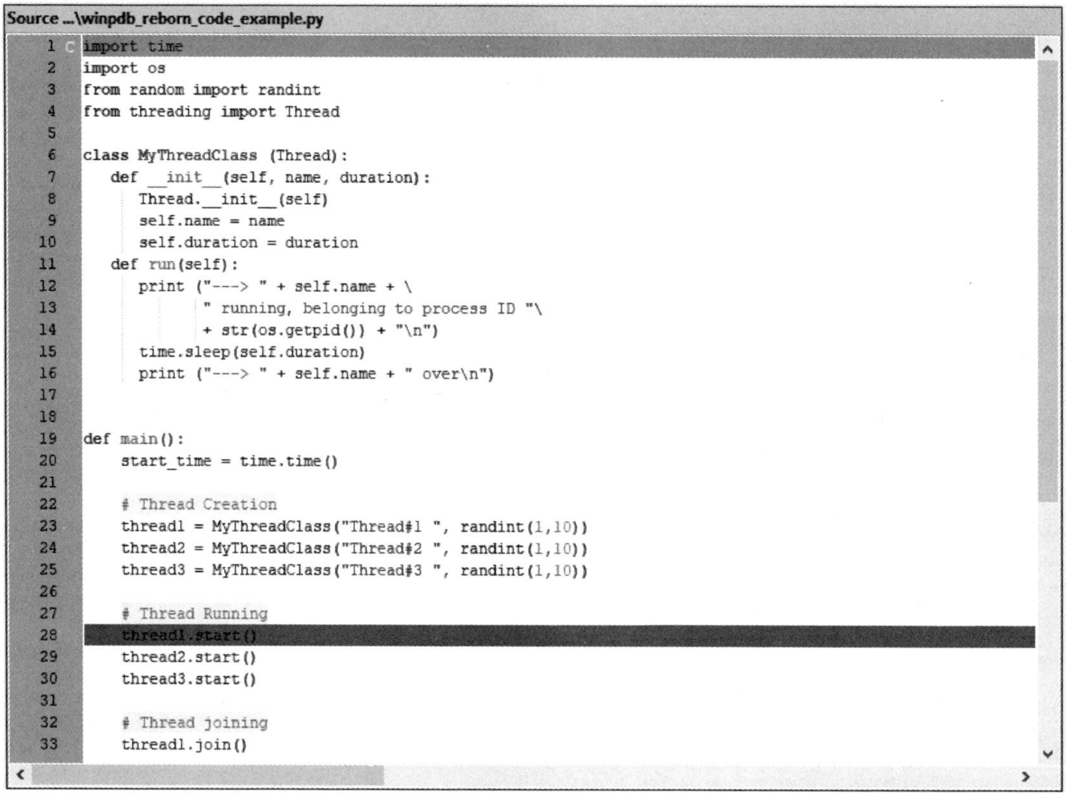

```
Source ...\winpdb_reborn_code_example.py
  1  import time
  2  import os
  3  from random import randint
  4  from threading import Thread
  5
  6  class MyThreadClass (Thread):
  7      def __init__(self, name, duration):
  8          Thread.__init__(self)
  9          self.name = name
 10          self.duration = duration
 11      def run(self):
 12          print ("---> " + self.name + \
 13                 " running, belonging to process ID "\
 14                 + str(os.getpid()) + "\n")
 15          time.sleep(self.duration)
 16          print ("---> " + self.name + " over\n")
 17
 18
 19  def main():
 20      start_time = time.time()
 21
 22      # Thread Creation
 23      thread1 = MyThreadClass("Thread#1 ", randint(1,10))
 24      thread2 = MyThreadClass("Thread#2 ", randint(1,10))
 25      thread3 = MyThreadClass("Thread#3 ", randint(1,10))
 26
 27      # Thread Running
 28      thread1.start()
 29      thread2.start()
 30      thread3.start()
 31
 32      # Thread joining
 33      thread1.join()
```

图 9-5   第 28 行加断点

（7）最后，按下 F5 键，应用会执行到第 28 行的断点。

（8）然后，按下 F7。在这里源代码窗口不再显示我们的示例代码，而会显示我们使用的 threading 库（见图 9-6）。

（9）因此，断点（**Breakpoints**）功能加上单步跟踪（**Step Into**）功能不仅允许调试当前的代码，还可以检查所使用的所有库函数和任何其他子例程：

9.3.3   工作原理

在第一个例子中，我们熟悉了 Winpdb Reborn 工具。这个调试环境（就像所有环境一

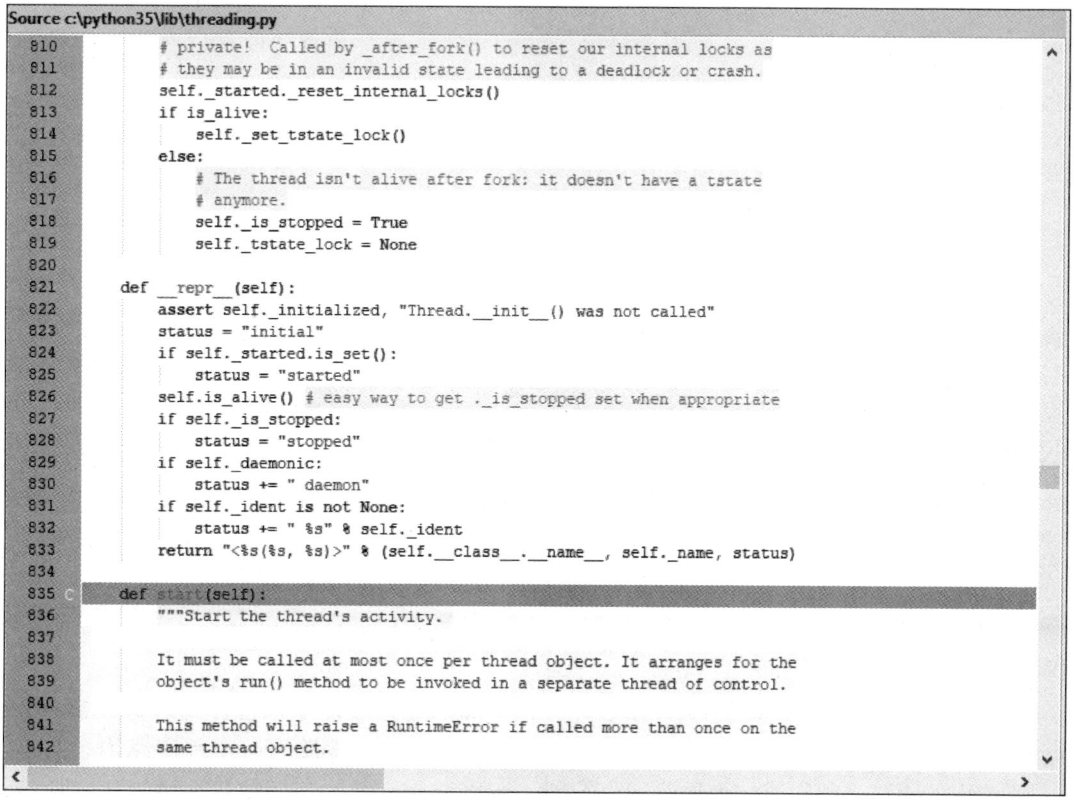

```
Source c:\python35\lib\threading.py
810          # private!  Called by _after_fork() to reset our internal locks as
811          # they may be in an invalid state leading to a deadlock or crash.
812          self._started._reset_internal_locks()
813          if is_alive:
814              self._set_tstate_lock()
815          else:
816              # The thread isn't alive after fork: it doesn't have a tstate
817              # anymore.
818              self._is_stopped = True
819              self._tstate_lock = None
820
821      def __repr__(self):
822          assert self._initialized, "Thread.__init__() was not called"
823          status = "initial"
824          if self._started.is_set():
825              status = "started"
826          self.is_alive() # easy way to get ._is_stopped set when appropriate
827          if self._is_stopped:
828              status = "stopped"
829          if self._daemonic:
830              status += " daemon"
831          if self._ident is not None:
832              status += " %s" % self._ident
833          return "<%s(%s, %s)>" % (self.__class__.__name__, self._name, status)
834
835 C    def start(self):
836          """Start the thread's activity.
837
838          It must be called at most once per thread object. It arranges for the
839          object's run() method to be invoked in a separate thread of control.
840
841          This method will raise a RuntimeError if called more than once on the
842          same thread object.
```

图 9 - 6　执行单步跟踪到第 28 行后的源代码窗口

样）允许程序停在某些特定的点，使我们能检查执行堆栈、变量内容和所创建对象的状态等。

要使用 Winpdb Reborn，只要完成以下基本步骤：

（1）在源代码中设置一些断点（**Source** 窗口）。

（2）通过 **Step Into** 功能检查函数。

（3）查看变量状态（**Namespace** 窗口）和执行堆栈（**Stack** 窗口)。

要设置断点，只需要用鼠标左键双击指定的行（你会看到选择的这行代码将用红色突出显示）。通常有一个警告，不建议同一行上有多个命令，否则无法将断点与其中某个命令关联。

可以使用鼠标右键有选择地禁用断点而不是将断点删除（不再用红色突出显示）。如果要删除所有断点，可以使用 **Clear All** 命令，这个命令在 **Breakpoints** 菜单中，前面已经提到过。

达到第一个断点时，要注意所分析的程序在这一点的以下视图：

- **堆栈（stack）**视图显示执行堆栈的内容，会在这里显示当前未完成的各个方法。一般的，栈底是 main 方法，栈顶的方法就是包含当前断点（即当前达到的断点）的那个方法。

- 命名空间（**namespace**）视图会显示方法的局部变量，允许你检查这些值。如果变量指示对象，则可以得到对象的唯一标识符，并检查它的状态。

一般的，可以采用不同的模式管理程序的执行，这些模式分别与 Winpdb Reborn 命令栏上的图标（或 Fx 键）关联。

最后指出以下重要的执行方法：

- **Step Into**（$F7$ 键）：一次执行程序的一行代码，会进入所调用的库方法或子例程。
- **Return**（$F12$ 键）：允许继续执行使用 **Step Into** 功能单步跟踪到的那一点。
- **Next**（$F6$ 键）：一次执行程序的一行代码，不会进入所调用的任何方法。
- **Run to Line**（$F8$ 键）这会运行程序，直到在指定行停止（等待新命令）。

9.3.4　相关内容

在 Winpdb Reborn GUI 截屏图中已经看到，这个 GUI 划分为 5 个主要窗口：

- **命名空间（namespace）**：这个窗口中，会显示实体名，实体就是程序定义以及源文件中使用的各个变量和标识符。
- **线程（threads）**：会显示执行的当前线程，包括 **TID**（Thread **Identification** 的简写，即线程标识）字段、线程名和线程状态。
- **堆栈（stack）**：会在这里显示所分析的程序的执行堆栈。堆栈也称为后进先出（**Last In，First Out，LIFO**）数据结构，因为最后插入的元素会最先删除。一个程序调用一个函数时，所调用的函数必须知道如何返回调用控制，所以调用函数的返回地址会进入程序执行堆栈。程序执行堆栈还包含各个函数调用使用的局部变量的内存。
- **控制台（console）**：这是一个命令行界面，允许用户与 Winpdb Reborn 之间的文本交互。
- **源代码（source）**：这个窗口会显示要调试的源代码。通过在代码行间滚动，一旦到达你感兴趣的代码行，可以按下 $F9$ 插入断点。

断点是一个非常基本的调试工具。实际上，断点允许运行程序，但是可以在指定的点或者在出现某些条件时中断程序，从而得到正在运行的程序的信息。

有多种调试策略。这里我们列出了其中一些策略：

- **再生错误**：明确导致错误的输入数据。
- **简化错误**：明确导致错误的最简单的数据。
- **划分和规则**：主要以单步跳过跟踪（step - over）模式执行，直到出现异常情况。导致错误的方法就是查找问题时最后执行的方法，所以可以采用单步跟踪（step - in）模式进入这个特定的方法进行跟踪，然后再用单步跳过模式跟踪这个方法的指令。
- **有意识执行**：在调试过程中，不断将变量的当前值与你期望的变量值进行比较。

- **检查所有细节**：调试时不要忽略细节。如果注意到源代码中有任何不相符的地方，最好做个记录。
- **修正错误**：只有当你确信已经充分理解问题时才修正错误。

9.3.5　参考资料

关于 Winpdb Reborn 的一个很好的教程参见 http：//heather. cs. ucdavis. edu/～matloff/ winpdb. html ♯ usewin。

9.4　与 pdb 交互

pdb 是一个完成交互式调试的 Python 模块。

pdb 的主要特性如下：

- 使用断点。
- 逐行地交互式处理源代码。
- 栈帧分析。

这个调试工具通过 pdb 类实现。由于这个原因，可以很容易地扩展新特性。

9.4.1　准备工作

pdb 不需要安装，因为这是 Python 标准库的一部分。可以用下面几个主要使用模式来启动 pdb：

- 与命令行交互。
- 使用 Python 解释器。
- 在代码中插入一个指令（即一个 pdb 语句）进行调试。

9.4.1.1　与命令行交互

最简单的方法是传入程序名作为输入。例如，对于 pdb _ test. py 程序，如下：

```
class Pdb_test(object)：
    def _init_(self，parameter)：
    self. counter = parameter

    def go(self)：
        for j in range(self. counter)：
            print ("——>"，j)
```

```
        return

if __name__ == '__main__':
    Pdb_test(10).go()
```

从命令行执行时，pdb 会加载要分析的源文件，并停在找到的第一个语句。在这里，调试会停在第 1 行（也就是 Pdb _ test 类的定义）：

```
python - m pdb pdb_test. py
> .../pdb_test. py(1)<module>()
- > class Pdb_test(object):
(Pdb)
```

9. 4. 1. 2　使用 Python 解释器
可以使用 run（）命令采用交互式模式使用 pdb 模块：

```
>>> import pdb_test
>>> import pdb
>>> pdb. run('pdb_test. Pdb_test(10). go()')
> <string>(1)<module>()
(Pdb)
```

在这种情况下，run（）来自调试工具，会停在计算第一个表达式之前。

9. 4. 1. 3　在代码中插入指令来进行调试
对于一个运行很长时间的进程，问题可能在程序执行到很晚的时候才出现，这种情况下，在程序中使用 pdb set _ trace（）指令启动调试工具会方便得多：

```
import pdb

class Pdb_test(object):
    def __init__(self, parameter):
        self. counter = parameter
    def go(self):
        for j in range(self. counter):
            pdb. set_trace()
            print (" --->", j)
        return
```

```
if __name__ == '__main__':
    Pdb_test(10).go()
```

可以在要调试的程序中的任何位置调用 set_trace（）。例如，可以基于条件、异常处理器或者控制指令的一个特定分支来调用这个指令。

对于这个例子，输出如下：

```
-> print("——>",j)
(Pdb)
```

代码会运行，在 pdb.set_trace（）语句完成之后停止。

9.4.2　实现过程

要与 pdb 交互，需要使用它的语言，这允许你在代码间移动、分析和修改变量的值、插入断点或者在栈调用间移动：

（1）使用 where 命令（或者，简写形式 w）来查看正在运行哪一行代码和调用栈。在这里，目前位于 pdb_test.py 模块 go（）方法的第 17 行：

```
> python -m pdb pdb_test.py
-> class Pdb_test(object):
(Pdb) where
  c:\python35\lib\bdb.py(431)run()
-> exec(cmd, globals, locals)
    <string>(1)<module>()
(Pdb)
```

（2）使用 list 查看当前位置（由一个箭头指示）附近的代码行。按照默认模式，会列出当前行附近的 11 行代码（前面 5 行和后面 5 行）：

```
(Pdb) list
1 -> class Pdb_test(object):
2 def __init__(self, parameter):
3 self.counter = parameter
4
5 def go(self):
6 for j in range(self.counter):
7 print("——>",j)
8 return
9
```

```
10 if __name__ == '__main__':
11 Pdb_test(10).go()
```

（3）如果 list 有两个参数，则解释为要显示的第一行和最后一行：

```
(Pdb) list 3,9
 3 self.counter = parameter
 4
 5 def go(self):
 6 for j in range(self.counter):
 7 print ("——>",j)
 8 return
 9
```

（4）使用 up（或 u）移动到栈中较早的帧，使用 down（或 d）移动到比较新的栈帧：

```
(Pdb) up
> <string>(1)<module>()
(Pdb) up
> c:\python35\lib\bdb.py(431)run()
-> exec(cmd, globals, locals)
(Pdb) down
> <string>(1)<module>()
(Pdb) down
>....\pdb_test.py(1)<module>()
-> class Pdb_test(object):
(Pdb)
```

9.4.3 工作原理

调试活动会按照运行程序（跟踪）的流程进行。对于每行代码，会实时显示指令完成的操作和变量中记录的值。采用这种方式，开发人员可以检查是否一切正常，或者找到出现问题的原因。

每个编程语言都有自己的调试工具。不过，没有一个面向所有编程语言都有效的调试工具，因为每个语言有自己的语法和文法。调试工具一步一步地执行源代码。因此，它必须知道语言的规则，就像编译器一样。

9.4.4 相关内容

使用 Python 调试工具时要记住的最有用的 pdb 命令见表 9-1。

表 9 - 1　　　　　　　　　　　　　　　pdb 命令

命令	动作
args	打印当前函数的参数列表
break	创建一个断点（需要参数）
continue	继续执行程序
help	列出一个命令（作为参数）的帮助
jump	设置要执行的下一个代码行
list	打印当前行附近的源代码
next	继续执行，直到达到当前函数的下一行或者返回
step	执行当前行，在第一个可能的情况下停止
pp	美观打印表达式的值
quit 或 exit	从 pdb 退出
return	继续执行直到当前函数返回

9.4.5　参考资料

可以观看这个有趣的视频教程更多地了解 pdb：https：//www.youtube.com/watch? v= bZZTeKPRSLQ。

9.5　实现 rpdb 调试

有些情况下，可以在一个远程位置调试代码；也就是说，这个位置不在运行调试工具的同一个机器上。为此，开发了 rpdb。这是 pdb 的一个包装器，使用一个 TCP socket 与外部世界通信。

9.5.1　准备工作

要安装 rpdb，首先要完成使用 pip 的主要步骤。对于 Windows OS，只需要键入以下命令：

```
C:\>pip install rpdb
```

然后，需要确保你的机器上启用了一个能正常工作的 **telnet** 客户端。在 Windows 10 中，如果打开 Command Prompt，并键入 telnet，OS 会响应一个错误，因为系统安装中默认地并不包括 telnet。

下面来看只用几个简单步骤就可以完成这个客户端的安装：

（1）以管理员模式打开 Command Prompt。

a. 点击 Cortana 按钮并键入 cmd。

b. 在出现的列表中，右键点击 Command Prompt 项，并选择 **Run as Administrator**（作为管理员运行）。

（2）然后，作为管理员运行 Command Prompt 时，键入以下命令：

dism /online /Enable – Feature /FeatureName：TelnetClient

（3）等几分钟，直到安装完成。如果安装成功，会看到以下窗口（见图 9 - 7）：

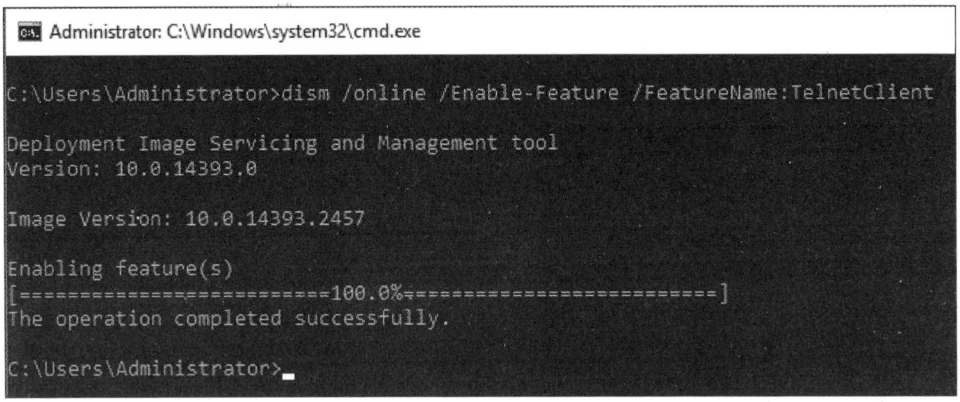

图 9 - 7　安装成功窗口

（4）现在可以从 prompt 直接使用 telnet。键入 telnet，会出现以下窗口（见图 9 - 8）：

图 9 - 8　键入 telnet 窗口

在下面的例子中，我们会看到如何用 rpdb 运行一个远程调试。

9.5.2　实现过程

完成以下步骤：

（1）考虑以下示例代码：

```
import threading

def my_func(thread_number):
    return print('my_func called by thread N°
        {}'.format(thread_number))

def main():
    threads = []
    for i in range(10):
        t = threading.Thread(target = my_func, args = (i,))
        threads.append(t)
        t.start()
        t.join()

if __name__ == "__main__":
    main()
```

（2）要使用 rpdb，需要插入以下代码行（放在 import threading 语句后面）。实际上，这 3 行代码会通过 IP 地址 127.0.0.1 端口 4444 上的一个远程客户端启用 rpdb：

```
import rpdb
debugger = rpdb.Rpdb(port = 4444)
rpdb.Rpdb().set_trace()
```

（3）插入这 3 行启用 rpdb 的代码后，如果运行示例代码，应该会看到 Python Command Prompt 上显示以下消息：

pdb is running on 127.0.0.1:4444

（4）然后，通过建立以下 telnet 连接切换为远程调试这个示例代码：

telnet localhost 4444

（5）会打开以下窗口（见图 9 - 9）：

（6）在示例代码中，注意第 7 行的箭头。这个代码没有运行，它只是在等待执行一个指

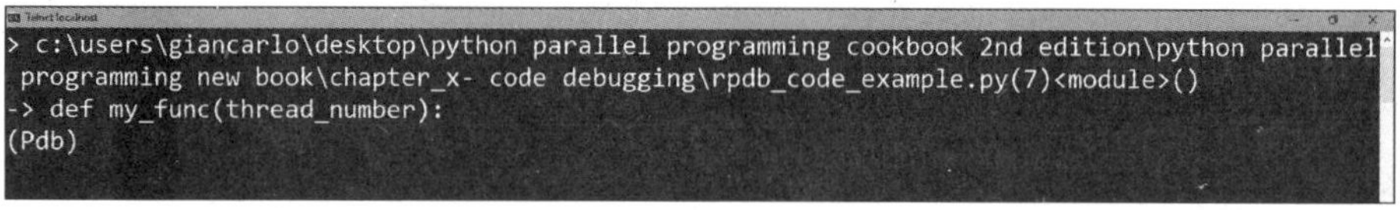

图 9 - 9　建立 telnet 连接后窗口

令（见图 9 - 10）：

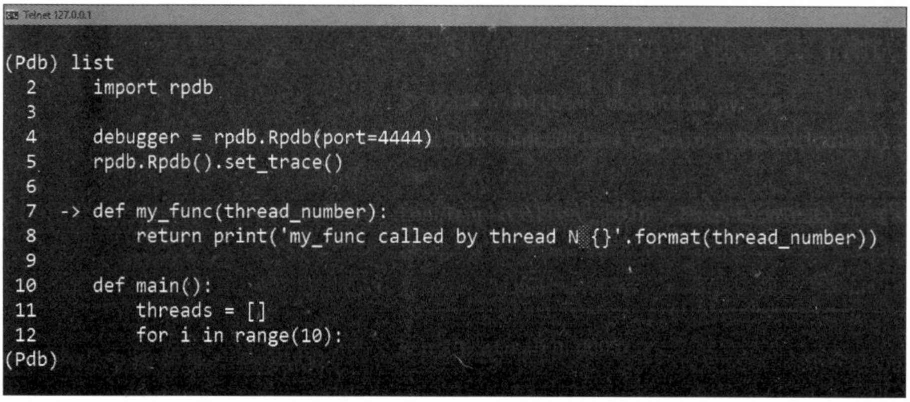

图 9 - 10·等待执行指令

（7）例如，在这里我们要执行这个代码，反复键入 next 语句：

(Pdb) next

＞c:\users\giancarlo\desktop\python parallel programming cookbook
2nd edition\python parallel programming new book\chapter_x - code
debugging\rpdb_code_example. py(10)＜module＞()

－＞def main()：

(Pdb) next

＞c:\users\giancarlo\desktop\python parallel programming cookbook
2nd edition\python parallel programming new book\chapter_x - code
debugging\rpdb_code_example. py(18)＜module＞()

－＞if __name__ == "__main__":

(Pdb) next

＞c:\users\giancarlo\desktop\python parallel programming cookbook
2nd edition\python parallel programming new book\chapter_x - code
debugging\rpdb_code_example. py(20)＜module＞()

```
->main()
(Pdb) next
my_func called by thread N 0
my_func called by thread N 1
my_func called by thread N 2
my_func called by thread N 3
my_func called by thread N 4
my_func called by thread N 5
my_func called by thread N 6
my_func called by thread N 7
my_func called by thread N 8
my_func called by thread N 9
―Return―
>c:\users\giancarlo\desktop\python parallel programming cookbook
2nd edition\python parallel programming new book\chapter_x- code
debugging\rpdb_code_example.py(20)<module>()->None
->main()
(Pdb)
```

一旦程序执行结束，还可以运行一个新的调试会话。下一节将介绍 rpdp 如何工作。

9.5.3　工作原理

在这一节中，我们了解了如何使用 next 语句在代码间移动，这会继续执行，直到达到当前函数的下一行代码或者返回。

使用 rpdb 需要遵循以下步骤：

（1）导入相关的 rpdb 库：

```
import rpdb
```

（2）设置 debugger 参数，这会指定运行调试工具所要连接的 telnet 端口：

```
debugger = rpdb.Rpdb(port=4444)
```

（3）调用 set_trace（）指令，从而进入调试模式：

```
rpdb.Rpdb().set_trace()
```

在这里，我们把 set_trace（）指令直接放在 debugger 实例后面。在实际中，可以把它放在代码中的任何位置，例如，如果满足某些条件，或者在一个异常管理的代码段中，都可以使用 set_trace（）指令。

第二步要打开 Command Prompt，并设置相应端口值来启动 telnet，这个端口值就是示例代码的 debugger 参数定义中指定的端口值：

```
telnet localhost 4444
```

可以使用一个很小的命令语言与 rpdb 调试工具交互，这允许在栈调用之间移动、检查和修改变量的值，还可以控制调试工具执行程序的方式。

9.5.4　相关内容

从 Pdb prompt 键入 help 命令来显示可以用来与 rpdb 交互的命令列表：

```
> c:\users\giancarlo\desktop\python parallel programming cookbook 2nd
edition\python parallel programming new book\chapter_x- code
debugging\rpdb_code_example.py(7)<module>()
-> def my_func(thread_number):
(Pdb) help

Documented commands (type help <topic>):
========================================
EOF c d h list q rv undisplay
a cl debug help ll quit s unt
alias clear disable ignore longlist r source until
args commands display interact n restart step up
b condition down j next return tbreak w
break cont enable jump p retval u whatis
bt continue exit l pp run unalias where

Miscellaneous help topics:
==========================
pdb exec
(Pdb)
```

在最有用的命令中，可以用以下命令在代码中插入断点：

（1）键入 b 和行号来设置一个断点。在这里我们在第 5 行和第 10 行分别设置了一个断点：

```
 (Pdb) b 5
Breakpoint 1 at c:\users\giancarlo\desktop\python parallel
programming cookbook 2nd edition\python parallel programming new
book\chapter_x- code debugging\rpdb_code_example.py:5
```

```
(Pdb) b 10
Breakpoint 2 at c:\users\giancarlo\desktop\python parallel
programming cookbook 2nd edition\python parallel programming new
book\chapter_x- code debugging\rpdb_code_example.py:10
```

（2）只键入 b 命令可以显示所有断点的列表：

```
(Pdb) b
Num Type Disp Enb Where
1 breakpoint keep yes at c:\users\giancarlo\desktop\python parallel
programming cookbook 2nd edition\python parallel programming new
book\chapter_x- code debugging\rpdb_code_example.py:5
2 breakpoint keep yes at c:\users\giancarlo\desktop\python parallel
programming cookbook 2nd edition\python parallel programming new
book\chapter_x- code debugging\rpdb_code_example.py:10
(Pdb)
```

在增加的各个新断点上，会分配一个数值标识符。这些标识符可以用来启用、禁用和交互式地删除断点。要禁用一个断点，可以使用 disable 命令，它会告诉调试工具达到这一行时不要停止。不会忘记这个断点，但是会将其忽略。

9.5.5 参考资料

在这个网站上可以找到有关 pdb 以及 rpdb 的大量信息：https：//github.com/spiside/pdb-tutorial。

在下面两小节中，我们会了解用来实现单元测试的一些 Python 工具：

- unittest。
- nose。

9.6 处理 unittest

unittest 模块是标准 Python 库中提供的。它包含一组丰富的工具和过程来完成单元测试。在这一节中，我们将简要了解 unittest 模块如何工作。

单元测试包括两部分：

- 管理测试系统（*test system*）的代码。
- 测试本身。

9.6.1　准备工作

可以通过 TestCase 子类得到最简单的 unittest 模块，必须重写这个子类的方法，或者为这个子类增加适当的方法。

一个简单的 unittest 模块可能如下：

```
import unittest

class SimpleUnitTest(unittest.TestCase):

def test(self):
    self.assertTrue(True)

if __name__ == '__main__':
    unittest.main()
```

要运行这个 unittest 模块，需要包含 unittest.main()，另外这里有一个方法 test()，如果 True 为 False 这个方法会失败。

通过执行上面的例子，会得到以下结果：

```
- - - - - - - - - - - - - - - - - - - - - - - - - - - - - - - - - - - - - - - - -
Ran 1 test in 0.005s

OK
```

测试成功，所以得到结果 OK。

在下一节中，我们会更详细地介绍 unittest 模块如何工作。具体地，我们想研究一个单元测试可能的结果是什么。

9.6.2　实现过程

下面通过这个例子来看如何得到一个测试的结果：

（1）导入相关的模块：

```
import unittest
```

（2）定义 outcomesTest 类，它以 TestCase 子类作为它的参数：

```
class OutcomesTest(unittest.TestCase):
```

（3）我们定义的第一个方法是 testPass：

```
def testPass(self):
```

```
        return
```

（4）下面是 TestFail 方法：

```
def testFail(self):
    self.failIf(True)
```

（5）接下来，定义 TestError 方法：

```
def testError(self):
    raise RuntimeError('test error! ')
```

（6）最后是 main 函数，要利用它调用我们的过程：

```
if __name__ == '__main__':
    unittest.main()
```

9.6.3　工作原理

在这个例子中，会显示 unittest 实现的一个单元测试的可能结果。

可能的结果如下：

- ERROR：测试产生一个非 AssertionError 的异常。没有明确的通过测试的方法，所以测试状态取决于是否出现一个异常。
- FAILED：测试未通过，产生一个 AssertionError 异常。
- OK：测试通过。

输出如下：

```
======================================================
ERROR：testError (__main__.OutcomesTest)
------------------------------------------------------

Traceback (most recent call last):
  File "unittest_outcomes.py", line 15, in testError
    raise RuntimeError('Errore nel test! ')
RuntimeError：Errore nel test!

======================================================
FAIL：testFail (__main__.OutcomesTest)
------------------------------------------------------

Traceback (most recent call last):
  File "unittest_outcomes.py", line 12, in testFail
    self.failIf(True)
```

```
AssertionError
```

```
Ran 3 tests in 0.000s
```

```
FAILED (failures = 1, errors = 1)
```

大多数测试都要确认一个条件的真值。要编写测试来验证一个真值，这有很多不同的方法，取决于测试作者的想法以及是否验证代码的期望结果。如果代码生成一个可以计算为 true 的值，应当使用 failUnless () 和 assertTrue () 方法。如果代码生成一个 false 值，那么使用 failIf () 和 assertFalse () 方法更合适：

```
import unittest

class TruthTest(unittest.TestCase):

def testFailUnless(self):
    self.failUnless(True)

def testAssertTrue(self):
    self.assertTrue(True)

def testFailIf(self):
    self.assertFalse(False)

def testAssertFalse(self):
    self.assertFalse(False)

if __name__ == '__main__':
    unittest.main()
```

结果如下：

```
> python unittest_failwithmessage.py - v
testFail (__main__.FailureMessageTest)... FAIL

============================================================
FAIL: testFail (__main__.FailureMessageTest)
------------------------------------------------------------
Traceback (most recent call last):
  File "unittest_failwithmessage.py", line 9, in testFail
    self.failIf(True, 'Il messaggio di fallimento va qui')
```

AssertionError：Il messaggio di fallimento va qui

Ran 1 test in 0.000s

FAILED (failures = 1)

robby@robby－desktop：～/pydev/pymotw－it/dumpscripts $ python unittest_truth.py

－v

testAssertFalse (_main_.TruthTest) ... ok

testAssertTrue (_main_.TruthTest) ... ok

testFailIf (_main_.TruthTest) ... ok

testFailUnless (_main_.TruthTest) ... ok

Ran 4 tests in 0.000s

OK

9.6.4　相关内容

前面已经提到，如果测试产生一个非 AssertionError 的异常，这被看作是一个错误。这对于发现错误非常有用，编辑代码时，如果已经存在一个对应的测试，可以由此发现代码中出现的错误。

不过有些情况下，你可能希望运行一个测试来验证某些代码确实会产生一个异常，例如，传入一个非法值作为一个对象的属性时。在这种情况下，与在代码中捕获异常相比，failUnlessRaises () 会让代码更清晰：

```python
import unittest

def raises_error( * args, * * kwds):
    print (args, kwds)
    raise ValueError\
        ('Valore non valido：'+ str(args)+ str(kwds))

class ExceptionTest(unittest.TestCase)：
    def testTrapLocally(self)：
        try：
            raises_error('a', b = 'c')
        except ValueError：
            pass
```

```
        else：
            self.fail('Non si vede ValueError')

    def testFailUnlessRaises(self)：
        self.assertRaises\
            (ValueError, raises_error, 'a', b = 'c')

if __name__ == '__main__'：
    unittest.main()
```

二者的结果是一样的。不过，第二个测试（使用了 failUnlessRaises（））更简短：

```
> python unittest_exception.py - v
testFailUnlessRaises (__main__.ExceptionTest)... ('a',) {'b'：'c'}
ok
testTrapLocally (__main__.ExceptionTest)...('a',) {'b'：'c'}
ok


-------------------------------------------------------------

Ran 2 tests in 0.000s

OK
```

9.6.5　参考资料

有关 Python 测试的更多信息参见 https：／／realpython.com／pythontesting／。

9.7　使用 nose 测试应用

nose 是用来定义单元测试的一个重要的 Python 模块，允许使用 unittest.TestCase 的子类编写简单的测试函数，另外还可以使用非 unittest.TestCase 子类的测试类编写测试。

9.7.1　准备工作

使用 pip 安装 nose：

```
C:\>pip install nose
```

从 https：／／pypi.org/project/ nose/下载源代码包，并按照以下步骤安装：

（1）解压缩源代码包。

（2）cd 到新目录。

然后输入以下命令：

```
C:\>python setup.py install
```

nose 的一个优点是自动从以下来源收集测试：

- Python 源代码。
- 工作目录中找到的目录和包。

要指定运行哪些测试，可以在命令行传入相关的测试名：

```
C:\>nosetests only_test_this.py
```

指定的测试名可以是文件或模块名，还可以指示要运行的测试用例，为此模块或文件名与测试用例名之间要用一个冒号分隔。文件名可以使用相对路径也可以使用绝对路径。

下面给出一些例子：

```
C:\>nosetests test.module
C:\>nosetests another.test:TestCase.test_method
C:\>nosetests a.test:TestCase
C:\>nosetests /path/to/test/file.py:test_function
```

还可以使用 - w 开关改变工作目录，即 nose 查找测试的目录：

```
C:\>nosetests - w /path/to/tests
```

不过，要注意，现在已经废弃了对多个 - w 参数的支持，而且会在将来的版本中完全删除。不过，完全可以指定目标目录而不加 - w 开关，这样也能得到同样的行为：

```
C:\>nosetests /path/to/tests /another/path/to/tests
```

可以通过使用插件来实现测试选择和加载的进一步定制。

测试结果输出与 unittest 的输出相同，不过还有另外一些特性，如错误类以及插件提供的特性（如输出捕获和断言自省）。

下一节我们来看如何使用 nose 测试一个类。

9.7.2　实现过程

下面完成以下步骤：

（1）导入相关的 nose.tools：

```
from nose.tools import eq_
```

（2）然后设置 TestSuite 类。在这里，由 eq_ 函数测试这个类的方法：

```
class TestSuite:
```

```
def test_mult(self):
    eq_(2 * 2,4)
def ignored(self):
    eq_(2 * 2,3)
```

9.7.3　工作原理

开发人员可以独立地开发单元测试，不过一个好的实践做法是使用一个标准产品（如 u-nittest）并遵循一个通用的测试实践。

从下面的例子可以看到，测试方法使用 eq_ 函数来设置。这与 unittest 的 assertEquals 类似，它会验证两个参数是否相等：

```
def test_mult(self):
    eq_(2 * 2,4)
def ignored(self):
    eq_(2 * 2,3)
```

尽管这个测试实践本意是好的，但是有一些明显的限制，如不能在一段时间后重复（例如，当一个软件模块改变时）来完成所谓的回归测试（**regression tests**）。

输出如下：

C:\>nosetests - v testset. py

testset. TestSuite. test_mult ... ok

Ran 1 tests in 0. 001s

OK

一般地，测试无法找出一个程序中的所有错误，单元测试也是一样，根据定义，单元测试会分析各个单元，它无法识别出集成错误、性能问题和其他与系统相关的问题。通常，与其他软件测试技术结合使用时，单元测试会更有效。

类似于其他形式的测试，即使是单元测试，也无法确认代码完全没有错误，而只能强调存在错误。

9.7.4　相关内容

软件测试是一个组合数学问题。例如，每个布尔测试要求至少有两个测试，一个对应真条件（true），另一个对应假条件（false）。可以看到，对于函数的每行代码，往往需要 3 到 5

行代码来实现一个测试。因此，对于任何非平凡代码，如果不使用一个专用的测试用例生成工具，要想测试所有可能的输入组合是不现实的。

　　要想从单元测试得到期望的好处，在整个开发过程中要有严格的纪律性。不仅要跟踪已经开发和完成的测试，还要跟踪当前单元和所有其他单元中对函数代码做出的所有修改，这非常重要。使用版本控制系统至关重要。如果一个单元的较新版本在一个测试中失败，而之前的版本能通过这个测试，版本控制系统则能够突出显示在此期间所做的代码修改。

9.7.5　参考资料

　　关于 nose 的一个很好的教程参见 https：// nose. readthedocs. io/ en/ latest/ index. html。

通过留言评论让其他读者了解你的看法

请在购买本书的网站上留言评论，分享你对这本书的想法。如果你从 Amazon 购买了这本书，请在本书 Amazon 页面上留下诚实的评论。这很重要，这样潜在读者就能看到你的公正的观点，并以此决定是否购买这本书。作为出版商，我们能从中了解顾客对我们的书有什么想法。另外作者能看到读者对他的 Packt 书的反馈。你只需要花几分钟时间，但是对其他潜在顾客、我们的作者以及 Packt 都很有意义。谢谢！

Packt.com

订阅我们的在线数字图书馆可以访问超过 7000 本书和视频，还可以得到业界领先的工具来帮助你规划个人发展、拓展职业生涯。更多的有关信息，请访问我们的网站。

为什么订阅？

- 利用这些实用的电子书和视频，可以更高效地学习，更充分地进行编程实战。
- 超过 4000 位行业专家的经验和智慧。
- 使用专门为你设计的技能规划改善你的学习。
- 每个月得到一个免费的电子书或视频。
- 可以很容易地访问关键信息。
- 复制、粘贴、打印和对内容加书签。

Packt 为出版的每一本书都提供了电子书版本（PDF 和 ePub 文件）。你可以在 www.packt.com 上得到电子书版本，另外，作为纸质版图书的顾客，购买电子书会有一个折扣。有关的更多详细信息请联系我们：customercare@packtpub.com。

在 www.packt.com，你还能读到大量免费的技术文章，可以注册很多免费的新闻组，而且在购买 Packt 图书和电子书时可享受很大的折扣和优惠。

贡献者

关于作者

Giancarlo Zaccone 在科学和工业领域的研究项目管理方面已经有超过 15 年的经验。他是欧洲航空局（ESTEC）的一位软件和系统工程师，主要处理卫星导航系统的网络安全。

Giancarlo 拥有物理学硕士学位和科学计算高级硕士学位。

Giancarlo 有以下著作，均由 Packt 出版：《*Python Parallel Programming Cookbook*》（第 1 版）、《*Getting Started with TensorFlow*》《*Deep Learning with TensorFlow*（第 1 版）》和《*Deep Learning with TensorFlow*（第 2 版）》。

关于审校

Dr. Michael Galloy 是一位软件开发人员，重点关注高性能计算和科学编程中的可视化。他主要使用 IDL，不过有时也使用 Python、C 和 CUDA。Michael 目前任职于位于莫纳罗亚太阳观测站的国家大气研究中心（NCAR）。之前他曾在 Tech - X Corporation 工作，在那里他是 GPULib 的主要开发人员，GPULib 是面向 GPU 加速计算例程的一个 IDL 绑定库。他是 IDLdoc、mgunit 和 rIDL 的创建者和主要开发人员，所有这些都是开源项目，另外他还是《*Modern IDL*》的作者。

Richard Marsden 有 25 年专业软件开发经验。从石油工业地球物理测量领域起步后，最近 15 年他一直在运营 Winwaed 软件技术有限公司，这是一家独立软件开发商。Winwaed 专门研究地理空间工具和应用程序（包括 web 应用程序），另外还维护着 Mapping - Tools 网站，提供地理空间应用程序的工具和插件，如 Caliper Maptitude、Microsoft MapPoint、Android 和 Ultra Mileage。

Richard 是很多 Packt 出版物的技术审校，包括 Erik Westra 的《*Python Geospatial Development*》和《*Python Geospatial Analysis Essentials*》以及 Michael Diener 的《*Python Geospatial Analysis Cookbook*》。

Packt 在寻找像你一样的作者

如果你有兴趣成为 Packt 的一位作者，请立即访问 authors. packtpub. com 申请。我们已经与数以千计像你一样的开发人员和技术专家合作，帮助他们向全球技术社区分享他们的真知灼见。你可以完成基本申请，或者申请我们在招募作者的某个特定热门主题，也可以提出你自己的想法。